全国普通高等中医药院校药学类专业“十三五”规划教材（第二轮规划教材）

分析化学实验

（第2版）

（供药学类、中药学类、制药工程及相关专业使用）

主　　编　池玉梅

副 主 编　许光明　张玉萍　贺吉香

黄荣增　陈　丽

编　　者　（以姓氏笔画为序）

韦国兵（江西中医药大学）

任　波（成都中医药大学）

刘　芳（湖南中医药大学）

池玉梅（南京中医药大学）

许光明（湖南中医药大学）

杨　蕾（南京中医药大学翰林学院）

张玉萍（天津中医药大学）

张浩波（甘肃中医药大学）

陈　丽（福建中医药大学）

孟庆华（陕西中医药大学）

贺吉香（山东中医药大学）

黄荣增（湖北中医药大学）

韩疏影（南京中医药大学）

韩毅丽（山西中医药大学）

薛　璇（安徽中医药大学）

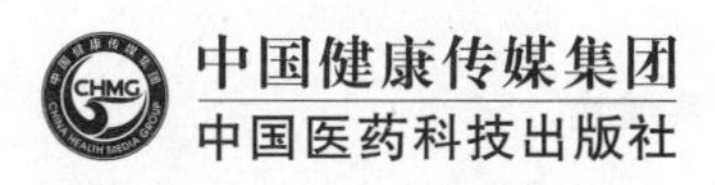

中国健康传媒集团

中国医药科技出版社

内容提要

本教材是“全国普通高等中医药院校药学类专业‘十三五’规划教材（第二轮规划教材）”之一，依照教育部相关文件和精神，根据本专业教学要求和课程特点，结合《中国药典》和相关执业考试要求编写而成。全书共分五章，分别介绍了分析化学实验基础知识、分析化学实验基本操作、化学分析实验、仪器分析实验、综合及设计性实验。其中包括26个化学分析实验（含34个备选实验内容）、30个仪器分析实验（含35个备选实验内容）、13个综合性实验与5个设计性实验。此外，书末附录中还介绍了分析化学实验常用表、常见分析仪器操作规程等内容。

本教材实用性强，主要供全国普通高等院校药学类、中药学类、制药工程及相关专业使用，也可作为医药行业考试与培训的参考用书。

图书在版编目（CIP）数据

分析化学实验／池玉梅主编．—2版．—北京：中国医药科技出版社，2018.8

全国普通高等中医药院校药学类专业“十三五”规划教材（第二轮规划教材）

ISBN 978－7－5214－0255－1

Ⅰ.①分… Ⅱ.①池… Ⅲ.①分析化学－化学实验－中医学院－教材 Ⅳ.①O652.1

中国版本图书馆CIP数据核字（2018）第097862号

美术编辑 陈君杞

版式设计 诚达誉高

出版 **中国健康传媒集团**｜中国医药科技出版社

地址 北京市海淀区文慧园北路甲22号

邮编 100082

电话 发行：010－62227427 邮购：010－62236938

网址 www.cmstp.com

规格 889×1194mm 1/16

印张 11 1/2

字数 272千字

初版 2014年8月第1版

版次 2018年8月第2版

印次 2023年4月第3次印刷

印刷 三河市万龙印装有限公司

经销 全国各地新华书店

书号 ISBN 978－7－5214－0255－1

定价 28.00元

获取新书信息、投稿、为图书纠错，请扫码联系我们。

全国普通高等中医药院校药学类专业“十三五”规划教材（第二轮规划教材）

编写委员会

全国普通高等中医药院校药学类专业“十三五”规划教材（第二轮规划教材）

出版说明

“全国普通高等中医药院校药学类‘十二五’规划教材”于2014年8月至2015年初由中国医药科技出版社陆续出版，自出版以来得到了各院校的广泛好评。为了更新知识、优化教材品种，使教材更好地服务于院校教学，同时为了更好地贯彻落实《国家中长期教育改革和发展规划纲要（2010－2020年）》《“十三五”国家药品安全规划》《中医药发展战略规划纲要（2016－2030年）》等文件精神，培养传承中医药文明，具备行业优势的复合型、创新型高等中医药院校药学类专业人才，在教育部、国家药品监督管理局的领导下，在“十二五”规划教材的基础上，中国健康传媒集团·中国医药科技出版社组织修订编写“全国普通高等中医药院校药学类专业‘十三五’规划教材（第二轮规划教材）”。

本轮教材建设，旨在适应学科发展和食品药品监管等新要求，进一步提升教材质量，更好地满足教学需求。本轮教材吸取了目前高等中医药教育发展成果，体现了涉药类学科的新进展、新方法、新标准；旨在构建具有行业特色、符合医药高等教育人才培养要求的教材建设模式，形成“政府指导、院校联办、出版社协办”的教材编写机制，最终打造我国普通高等中医药院校药学类专业核心教材、精品教材。

本轮教材包含47门，其中37门教材为新修订教材（第2版），《药理学思维导图与学习指导》为本轮新增加教材。本轮教材具有以下主要特点。

一、教材顺应当前教育改革形势，突出行业特色

教育改革，关键是更新教育理念，核心是改革人才培养体制，目的是提高人才培养水平。教材建设是高校教育的基础建设，发挥着提高人才培养质量的基础性作用。教材建设以服务人才培养为目标，以提高教材质量为核心，以创新教材建设的体制机制为突破口，以实施教材精品战略、加强教材分类指导、完善教材评价选用制度为着力点。为适应不同类型高等学校教学需要，需编写、出版不同风格和特色的教材。而药学类高等教育的人才培养，有鲜明的行业特点，符合应用型人才培养的条件。编写具有行业特色的规划教材，有利于培养高素质应用型、复合型、创新型人才，是高等医药院校教育教学改革的体现，是贯彻落实《国家中长期教育改革和发展规划纲要（2010－2020年）》的体现。

二、教材编写树立精品意识，强化实践技能培养，体现中医药院校学科发展特色

本轮教材建设对课程体系进行科学设计，整体优化；对上版教材中不合理的内容框架进行适当调整；内容（含法律法规、食品药品标准及相关学科知识、方法与技术等）上吐故纳新，实现了基础学科与专业学科紧密衔接，主干课程与相关课程合理配置的目标。编写过程注重突出中医药院校特色，适当融入中医药文化及知识，满足21世纪复合型人才培养的需要。

参与教材编写的专家以科学严谨的治学精神和认真负责的工作态度，以建设有特色的、教师易用、学生易学、教学互动、真正引领教学实践和改革的精品教材为目标，严把编写各个环节，确保教材建设质量。

三、坚持“三基、五性、三特定”的原则，与行业法规标准、执业标准有机结合

本轮教材修订编写将培养高等中医药院校应用型、复合型药学类专业人才必需的基本知识、基本理论、基本技能作为教材建设的主体框架，将体现教材的思想性、科学性、先进性、启发性、适用性作为教材建设灵魂，在教材内容上设立“要点导航”“重点小结”模块对其加以明确；使“三基、五性、三特定”有机融合，相互渗透，贯穿教材编写始终。并且，设立“知识拓展”“药师考点”等模块，与《国家执业药师资格考试考试大纲》和新版《药品生产质量管理规范》（GMP）、《药品经营管理质量规范》（GSP）紧密衔接，避免理论与实践脱节，教学与实际工作脱节。

四、创新教材呈现形式，书网融合，使教与学更便捷、更轻松

本轮教材全部为书网融合教材，即纸质教材与数字教材、配套教学资源、题库系统、数字化教学服务有机融合。通过“一书一码”的强关联，为读者提供全免费增值服务。按教材封底的提示激活教材后，读者可通过PC、手机阅读电子教材和配套课程资源，并可在线进行同步练习，实时反馈答案和解析。同时，读者也可以直接扫描书中二维码，阅读与教材内容关联的课程资源（“扫码学一学”，轻松学习PPT课件；“扫码练一练”，随时做题检测学习效果），从而丰富学习体验，使学习更便捷。教师可通过PC在线创建课程，与学生互动，开展在线课程内容定制、布置和批改作业、在线组织考试、讨论与答疑等教学活动，学生通过PC、手机均可实现在线作业、在线考试，提升学习效率，使教与学更轻松。此外，平台尚有数据分析、教学诊断等功能，可为教学研究与管理提供技术和数据支撑。

本套教材的修订编写得到了教育部、国家药品监督管理局相关领导、专家的大力支持和指导；得到了全国高等医药院校、部分医药企业、科研机构专家和教师的支持和积极参与，谨此，表示衷心的感谢！希望以教材建设为核心，为高等医药院校搭建长期的教学交流平台，对医药人才培养和教育教学改革产生积极的推动作用。同时精品教材的建设工作漫长而艰巨，希望各院校师生在教学过程中，及时提出宝贵的意见和建议，以便不断修订完善，更好地为药学教育事业发展和保障人民用药安全有效服务！

中国医药科技出版社

2018年6月

前 言

分析化学实验是分析化学课程的重要组成部分，旨在通过实验课程的实践训练，使学生加深理解和巩固所学的理论知识，同时可使学生正确、熟练地掌握化学分析和仪器分析的基本操作与技能，学会正确合理地选择实验条件和实验仪器，善于观察实验现象并进行实验记录，正确处理数据与表达实验结果；培养学生良好的实验习惯，实事求是的科学态度和严谨细致的工作作风，以及独立思考与分析问题、解决问题的能力。

本教材是“全国普通高等中医药院校药学类专业‘十三五’规划教材（第二轮规划教材）”之一，依照教育部相关文件和精神，根据本专业教学要求和课程特点，结合《中国药典》和相关执业考试要求编写而成。全书共分五章，分别介绍了分析化学实验基础知识、分析化学实验基本操作、化学分析实验、仪器分析实验、综合与设计性实验。此外，附录中还介绍了分析化学实验常用表、仪器操作规程等内容。本教材不仅对各类、各种分析方法配备了一定量的基础实验，并且选编了一些综合性与设计性实验供选择，以期通过综合性实验的训练，使学生贯通所学理论知识；通过设计性实验的训练，在查阅资料、拟定实验方案并完成实验的过程中，使学生能够灵活应用所学分析方法。通过系列训练，使学生逐步掌握科学研究的技能和方法，为后续专业课程学习与将来工作奠定良好的基础。

本教材的编写成员均为全国普通高等中医药院校多年从事分析化学教学的教师，具有较高的学术水平和丰富的教学实践经验。此次修订，以上版教材内容为基础，对部分不合理的内容进行调整修改。本教材涉及的实验与主干教材的理论知识紧密联系，可提高学生对理论知识的理解能力，满足应用型、服务型药学人才培养需求。可作为全国普通高等院校药学类、中药学类、制药工程及相关专业的实验教学用书，也可作为医药行业考试与培训的参考用书。

在编写本教材的过程中，得到各编者所在院校的大力支持，同时参阅了相关书籍和资料，在此致以衷心地感谢。由于编写时间与编者水平所限，书中难免存在不足之处，敬请指正。

编　者

2018 年 6 月

目　录

第一章　分析化学实验基础知识

第一节　实验课程任务和要求

一、基本任务

分析化学（analytical chemistry）是研究获取物质的组成、含量、结构和形态等化学信息的分析方法及相关理论的一门科学。其主要任务是通过各种方法与手段，获取图像、数据等相关信息用于鉴定物质体系的化学组成、测定其中有关成分的含量和确定体系中物质的结构和形态。根据分析原理可分为化学分析和仪器分析，是理论与实验并重的一门课程，分析化学实验课程是分析化学教学过程中十分重要的教学环节，旨在培养学生正确地掌握化学分析法和仪器分析法的基本操作及近代各类分析仪器的基本用途，加深对分析化学基础理论、基本概念的理解，确立严格的“量”的概念，培养观察、分析和解决问题的能力，养成严格、认真和实事求是的科学态度，激发学习兴趣和探索精神，为后续专业课程的学习以及将来从事各专业工作打下良好的基础。

二、基本要求

1. 实验前　认真预习，领会实验原理，了解实验步骤和注意事项，做到心中有数。写好实验报告的部分内容，做好实验数据记录表格、查好有关数据，以便实验时及时正确地记录和处理数据。

2. 实验中　严格按照要求，规范操作；做到手脑并用，善于思考，仔细观察实验现象并及时记录数据，不得随意涂改甚至篡改数据；自觉遵守实验室规则，保持实验室整洁、安静，实验台桌面整洁、仪器安置有序，注意节约、安全。

3. 实验后　实验完毕及时洗涤、清理，做好实验室卫生；及时处理数据、完成实验报告，并运用所学理论知识解释实验现象，分析实验中的问题。

第二节　分析化学实验一般知识

一、试剂的基本知识

（一）试剂的规格与选用

1. 规格　以所含杂质量划分，化学试剂一般可分为4个等级，见表1-1。

表1-1 化学试剂规格

等级	名称	英文名称	符号	标签标志
一等品	优级纯（保证试剂）	Guaranteed reagent	GR	绿色
二等品	分析纯（分析试剂）	Analytical reagent	AR	红色
三等品	化学纯	Chemical reagent	CP 或 P	蓝色
四等品	实验试剂	Laboratorial reagent	LP	棕色等
	生物试剂	Biological reagent	BR 或 CR	黄色等

2. 一般选用原则 选用试剂时，应根据工作的具体要求合理取用，注意节约原则。既不要盲目追求高纯度，超规格造成浪费，又不随意降低规格而影响分析结果准确性。

在一般分析工作中，通常使用AR级试剂。此外，有基准试剂、色谱纯试剂、光谱纯试剂等。基准试剂的纯度相当于或高于优级纯试剂，在滴定分析法中用于直接法配制或标定标准溶液；色谱纯试剂以在最高灵敏度下无杂质峰表示；光谱纯试剂专门用于光谱分析，以光谱分析时出现的干扰谱线的数目及强度来衡量，即其杂质含量用光谱分析法时已测不出或其杂质含量低于某一限度。一般选用试剂原则如下。

（1）配制滴定液 一般选用分析纯试剂配制，再用基准试剂进行标定。某些情况下（例如对分析结果要求不是很高的实验），也可以用分析纯试剂代替基准物质。滴定分析中所用其他试剂一般为分析纯试剂。

（2）仪器分析实验 一般使用优级纯试剂或专用试剂，测定微量或超微量成分时应选用高纯试剂。色谱分析配制流动相一般用色谱纯试剂。

（3）指示剂 其纯度往往不太明确，除少数标明如“分析纯”“试剂四级”外，经常只写明“化学试剂”“企业标准”等。若等级不明，一般只可作“化学纯”试剂使用。

另外，在分析工作中，选择试剂纯度除了要适应实验方法，其他如实验用水、操作器皿等也要与之相适应。若试剂都选用一级的，则不宜使用普通的蒸馏水，而应使用更高规格的蒸馏水，所用器皿的质量也要求比较高。

（二）试剂使用

1. 防止污染 ①取用试剂时瓶塞不许随意放置，取用后应立即盖好密封，切不可“张冠李戴”，多余的试剂不应倒回试剂瓶内，以防试剂被污染或使变质。②固体试剂用洁净干燥的小勺取用，取强碱性试剂后的小勺应立即洗净，以免被腐蚀。③液体试剂用吸管吸取时，绝对不能用未经洗净的吸管插入试剂瓶中取用。

2. 正确标签 ①盛装试剂的瓶上都应贴有明显的标签，写明试剂的名称、规格。②绝对不能在试剂瓶中装入不是标签所写的试剂，因为这样往往会造成差错。③没有标签标明名称和规格的试剂，在未查明前不能随便使用。④书写标签最好用碳素墨水，以免日久褪色，并将标签贴于试剂瓶2/3处。

3. 使用适当 在分析工作中，试剂的浓度及用量应按要求适当使用，过浓或过多，不仅造成浪费，而且还可能产生副反应，得到不正确的结果。

（三）试剂保管

试剂保管在实验室中是一项十分重要的工作，试剂因保管不善而变质失效，不仅浪费，而且会使分析工作失败，甚至引起事故。一般的化学试剂应保存在通风良好、洁净、干燥的房间里，防止被水分、灰尘和其他物质污染。同时，根据试剂性质的不同应有不同的保管方法。

1. 浸蚀玻璃试剂　应保存在塑料瓶或涂有石蜡的玻璃瓶中。容易浸蚀玻璃而影响试剂纯度的试剂，如氢氟酸、含氟盐（氟化钾、氟化钠、氟化铵）、苛性碱（氢氧化钾、氢氧化钠）等。

2. 不稳定试剂　应放在棕色瓶中并置于冷暗处。常见包括：①见光会逐渐分解的试剂，如过氧化氢（双氧水）、硝酸银、高锰酸钾、草酸、铋酸钠等；②与空气接触易被逐渐氧化的试剂，如氯化亚锡、硫酸亚铁、亚硫酸钠等；③易挥发的试剂，如溴、$NH_3 \cdot H_2O$ 及乙醇等。

3. 吸湿性试剂　吸水性强的试剂，应严格密封（蜡封）。如无水碳酸钠、苛性碱、过氧化钠等。

4. 相互作用试剂　应分开存放。如挥发性的酸与氨、氧化剂与还原剂。

5. 易燃易爆试剂　易燃试剂如乙醇、乙醚、苯、丙酮等；易爆炸的试剂如高氯酸、过氧化氢、硝基化合物等；应分开贮存在阴凉通风、不受阳光直射的地方。

6. 剧毒试剂　应特别注意由专人妥善保管，严格做好记录，经一定手续取用，以免发生事故。如氰化钾、氰化钠、三氧化二砷、氯化汞等。

7. 极易挥发并有毒的试剂　可放在通风橱内，当室温较高时，可放在冷藏室内保存。

二、分析化学实验用水

分析化学实验室用水一般有蒸馏水、重蒸水、去离子水、无二氧化碳蒸馏水、无氨蒸馏水等。纯水是实验中最常用的纯净溶剂和洗涤剂。纯水并不是绝对不含杂质，只是杂质的含量极其微小。制备纯水的方法不同，水中含杂质情况也不相同。

（一）水的规格

中华人民共和国国家标准（GB6682－92），规定了实验室用水的级别、技术指标、制备方法及检验方法，根据《分析化学实验室用水规格及试验方法》的规定，分析化学实验室用水分为三个级别，见表1－2。

表1－2　分析化学实验室用水级别及主要技术指标（GB6682－92）

项目	一级	二级	三级
pH范围（25℃）	—	—	5.0～7.5
电导率（25℃）（mS/m）	≤0.01	≤0.10	≤0.50
可氧化物质（以O计）（mg/L）	—	0.08	<0.4
蒸发残渣（105℃±2℃）（mg/L）	—	≤1.0	≤2.0
可溶性硅（以 SiO_2 计）（mg/L）	<0.01	<0.02	

（二）水的选用

应根据实验对水的要求，合理选用适当级别的水，并注意节约用水。通常一级水用于有严格要求的分析化学实验；大多仪器分析实验一般使用二级，如原子吸收光谱分析用水、高效液相用水等；三级水用于一般化学分析实验。

（三）水的盛放

普通蒸馏水保存在玻璃容器中，去离子水保存在聚乙烯塑料容器中。用于痕量分析的高纯水，如二次亚沸石英蒸馏水（重蒸水），则需要保存在石英或聚乙烯塑料容器中。

实验室使用的蒸馏水，为保持纯净，蒸馏水瓶要随时加塞，专用虹吸管内外均应保持干净。蒸馏水瓶附近不能放置浓 HCl、$NH_3 \cdot H_2O$ 等易挥发试剂，以免污染。

（四）纯水制备方法

1. 蒸馏法　普通蒸馏水可达到三级水的指标。由自来水在蒸发装置上加热汽化，然后将蒸汽冷凝即得到蒸馏水。可除去水中非挥发性杂质，但不能除去易溶于水的气体，仍含有少量金属离子、二氧化碳等杂质。

2. 重蒸馏 重蒸水可达到二级水标准。为了获得比较纯净的蒸馏水，进行重蒸馏，并在准备重蒸馏的蒸馏水中加入适当的试剂以抑制某些杂质的挥发（如加入甘露醇能抑制硼的挥发，加入碱性高锰酸钾可破坏有机物并防止二氧化碳蒸出）。重蒸馏通常采用石英亚沸蒸馏器，其特点是在液面上方加热，使液面始终处于亚沸状态，可使水蒸气带出的杂质减至最低，因此通常称之为二次石英亚沸蒸馏水，也简称为亚沸水或二次水。

3. 离子交换法 去离子水可达二级或一级水指标。由自来水或普通蒸馏水依次通过阳离子交换树脂柱、阴离子交换树脂柱和阴阳离子混合交换树脂柱，分离除去水中的杂质离子而得。

去离子水纯度比蒸馏水纯度高，但对非电解质及胶体物质无效，同时会有微量有机物从树脂溶出，故可根据需要将去离子水重蒸馏得到高纯水。

4. 电渗析法 是在离子交换技术基础上发展起来的方法，在直流电场的作用下，应用阴、阳离子交换膜对溶液中离子的选择性透过而去除离子型杂质的方法。此法不能除去非离子型杂质，适合于要求不高的分析工作。

三、实验室注意事项

（1）严格遵守实验室各项规章制度。

（2）保持实验室的整洁与安静，注意实验台桌面和仪器的整洁。

（3）保持水槽清洁，不将固体物品倒入槽中，腐蚀性、毒性废液应倒入相应指定的废液缸内。

（4）爱护仪器，严格遵照仪器操作规程使用；节约试剂、水、电。

（5）注意实验安全，严格按照操作规程进行实验。配制挥发性、刺激性溶液应在通风橱中进行，配制强酸溶液，应将浓酸缓慢加入水中，不可将水倒向浓酸中。

（6）使用汞盐、氰化物、As_2O_3、钡盐、重铬酸盐等有毒试剂时应特别小心。严禁在酸性介质中加入氰化物，以免产生氰化氢中毒。

（7）使用乙醚、苯、三氯甲烷等有毒或易燃有机溶剂时，要远离火源或热源，残液倒入溶剂回收瓶。

（8）试剂切忌入口，实验器皿禁作食具，离开实验室时要仔细洗手，如曾使用过毒物，还应漱口。

第三节 实验数据处理与实验报告

一、数据采集与处理

1. 实验记录 ①应及时、准确、清楚地记录实验过程中各种测量数据及有关现象。记录实验数据时，要有严谨的科学态度，实事求是，切忌夹杂主观因素，不能随意拼凑和伪造数据；②应记录实验中的每一个数据，即使在重复测量时，数据完全相同也应记录；③应及时准确记录实验过程中所涉及的各种仪器的型号、标准溶液浓度等。

2. 数据处理 数据不能随便增加或减少位数，记录实验数据与计算结果应保留几位数字非常重要，分析结果应反映客观事实，需与所用分析方法与测量仪器的准确程度一致。

例如，用分析天平称量时，要求记录至0.0001g；滴定管及移液管的读数，应记录至0.01ml；用分光光度计测量溶液吸光度时，现代仪器可记录至0.001的读数。

3. 记录规范　实验数据应按要求记在实验记录本或实验报告本上。要有专门的实验报告本，标上页数，不得撕去任何一页。绝不允许将数据记在单页纸上、小纸片上或随意记在其他地方，不得用铅笔记录。

4. 纠错规范　在实验过程中如果发现数据算错、测错或读错，需要改动时，可将原数据用一横线划去，在其上方写上正确数字，并在改动处签名。

二、有效数字与运算规则

在科学实验中，要得到准确的测量结果，不仅要准确地测定、正确地记录各种数据，而且还要正确地计算。分析结果的数值不仅表示试样中待测成分含量的多少，而且还反映了测定的准确程度。怎样记录与处理实验数据，需要“有效数字”的概念。

（一）有效数字

在分析工作中实际上能测量到的数字称为有效数字，其位数由全部准确数字和最后一位可疑数字组成。有效数字既能表示数值的大小，又能反映测量的精度。例如称量记录0.4010g，是四位有效数字，使用的是万分之一（精确度0.1mg）的分析天平，可知物品质量为（0.4010±0.0002）g；如滴定液体积记录20.41ml，为四位有效数字，表明滴定管的一次读数误差是±0.01ml，消耗标准溶液体积为(20.41±0.02)ml。

同时，有效数字的位数，直接与测定的相对误差有关。例如，称得某物品为0.4010g，表示该物品实际质量是（0.4010±0.0002）g，其相对误差为：

$$\pm\frac{0.0002}{0.4010}\times 100\% = \pm 0.05\%$$

但如果称得该物品记录为0.401g，则表示该物品实际质量是（0.401±0.002）g，其相对误差为：

$$\pm\frac{0.002}{0.401}\times 100\% = \pm 0.5\%$$

由此可见，在测量准确度范围内，有效数字位数越多，测量也越准确。但是必须指出，若超过测量准确度范围，数据过多的位数毫无意义。

（二）运算规则

1. 运算法则　根据加减法传递绝对误差、乘除法传递相对误差的规则，在数据处理时，运算法则如下。

（1）加减法　当几个数据相加或相减时，其和或差的有效数字的保留，以小数点后位数最少（即绝对误差最大者）的数据为依据。例如0.0121、25.64及1.05782三数相加。因25.64中的4已是可疑数字，则三者之和为$0.012+25.64+1.058=26.71$。

（2）乘除法　几个数据相乘除时，积或商的有效数字的保留，以其中相对误差最大的那个数，即有效数字位数最少者为依据。如求0.0121、25.64和1.05782三数相乘之积。第一个数是三位有效数字，其相对误差最大，应以此数据为依据，则$0.0121\times 25.64\times 1.058=0.328$。

（3）对数运算　所取对数位数应与真数有效数字位数相等。如pH、log$K$等对数，其有效数字位数取决于小数部分数字的位数，因整数部分只说明该数的方次。例如，pH=12.68，即$[H^+]=2.1\times 10^{-13}$mol/L其有效数字为二位，而不是四位。

2. 修约规则　按运算法则确定有效数字的位数后，舍入多余的尾数，称为数字修约。其基本原则如下。

（1）四舍六入五成双　①测量值中被修约者等于或小于4时，舍弃；②等于或大于6时进位；③等于5时，若“5”的后面尾数全部是“0”，当“5”前面是奇数时，进位，如12.21500→12.22。当“5”前面是偶数，舍弃，如12.22500→12.22。若“5”的后面尾数不全是“0”，无论“5”前面是奇数还是偶数，均进位。如12.21510→12.22，12.22501→12.23。

（2）一次修约　只允许对原测量值一次修约至所需位数，不能分次修约。如2.2349修约为三位数。不能先修约成2.235，再修约为2.24，只能一次修约成2.23。

（3）多一位修约　当数值首位大于等于8时，有效数字可多算一位。

（4）偏差修约　绝对偏差与标准偏差保留与测定结果的小数位一致；修约相对偏差和RSD时，在大多数情况下，取一位有效数字即可，最多取二位。

（5）常数　在所有计算式中，常数π、e的数值以及乘除因子3、1/2等的有效数字位数，可认为无限制，即在计算过程中，根据需要确定位数。

三、测量数据取舍

在重复多次测量时，常会发现某一数据与平均值的偏差大于其他所有数据，这在统计学上称为离群值或异常值。这个离群值可能由过失误差引起，也可能由偶然误差引起，但不能任意取舍，须借用统计学方法进行科学的判断。Q检验法是分析实验中确定离群值最为常用的一种方法，其优点是直观性强和计算简便。

设有n个数据，其递增顺序为x_1、x_2……x_{n-1}、x_n，其中x_1或x_n可能为离群值。当测量数据不多（$n=3\sim10$）时，可由下式计算Q。

$$Q=\frac{|x_{离群}-x_{相邻}|}{x_{\max}-x_{\min}}$$

具体检验步骤：①将各数据按递增顺序排列；②计算最大值与最小值之差；③计算离群值与相邻值之差；④计算Q；⑤根据测定次数和要求的置信度，查表1-3得到$Q_{表}$。若计算的Q大于$Q_{表}$，则该离群值是由过失误差造成的，应予舍弃，否则应保留。

表1-3　不同置信度下的Q值

测定次数（n）	3	4	5	6	7	8	9	10
Q（90%）	0.94	0.76	0.64	0.56	0.51	0.47	0.44	0.41
Q（95%）	0.97	0.84	0.73	0.64	0.59	0.54	0.51	0.49
Q（99%）	0.99	0.93	0.82	0.74	0.68	0.63	0.60	0.57

四、实验报告基本要求

（1）实验完毕，要及时而认真地写出实验报告，并在离开实验室前或指定时间交给老师。

（2）实验报告的各项内容的繁简取舍，可根据各个实验的具体情况而定，以清楚、简练、整齐为原则。

（3）实验报告中的一些内容，如目的要求、原理、计算公式、数据记录表格等，要求在实验预习时准备好，在实验过程中及时记录实验数据，实验完成后计算并完成实验报告撰写。

附：实验报告一般包括的内容与要求

1. 实验名称和日期

2. 目的要求

3. 基本原理或实验提要　简要地用文字与化学反应说明（如标定和滴定反应的方程式或基准物和指示剂的选择），或实验设计的依据，试剂浓度和分析结果的计算公式等。

4. 实验步骤　简明扼要写出。

5. 数据记录　根据相应实验设计将实验数据记录于表格。

6. 数据处理　应用文字、表格、图形，将数据表示出来，根据实验要求计算出分析结果、实验误差等。

7. 问题讨论　对实验教材上的思考题和实验中观察到的现象，以及产生误差的原因进行讨论和分析，以提高自己分析问题和解决问题的能力。

第二章　分析化学实验基本操作

第一节　分析天平及基本操作

分析天平是进行定量分析的最重要的精密仪器之一，正确使用分析天平是分析工作的前提。分析天平种类较多，在此介绍目前实验室常用的电光分析天平和电子分析天平。

一、电光分析天平

1. 原理及构件　电光分析天平根据杠杆原理设计制造（图2-1）。主要构件如下。

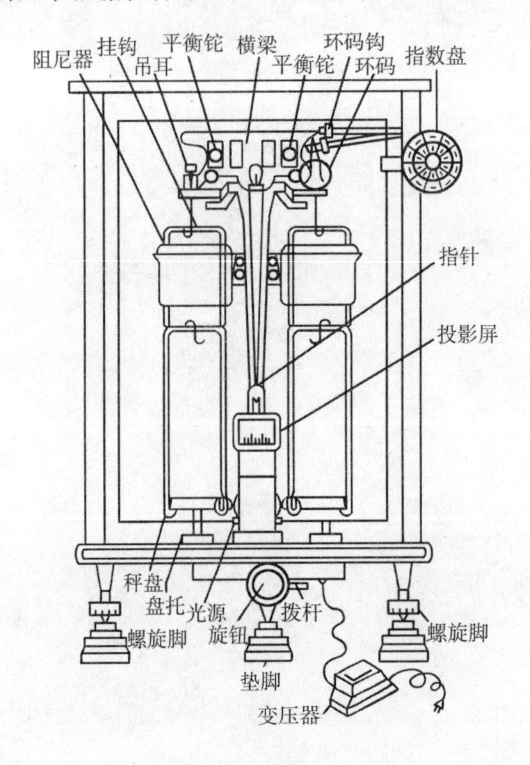

图2-1　半自动电光分析天平

（1）天平箱　起保护天平的作用，同时在称量时，减少外界温度、空气流动、人的呼吸等的影响，称量时应随时关门；箱下装有三只脚，前面两只脚是螺旋脚，用于调整天平水平位置，三只脚都放在垫脚中。

（2）支柱和水平泡　支柱是金属做的中空圆柱，下端固定在天平底座中央，支撑着天平梁。在支柱上装有一水平泡，借螺旋脚调节天平放置水平。

（3）天平横梁　是天平的主要部件。多用质轻坚固、膨胀系数小的铝铜合金制成，起平衡和承载物体的作用。梁上装有三棱形的玛瑙刀，其中一个装在正中的称为中刀或支点刀，刀口向下，另外两个与中刀等距离的分别安装在梁的两端，称为边刀或承重刀，刀口向上。三个刀口必须完全平行且位于同一水平面上。

（4）吊耳和称盘　吊耳挂在两个边刀上，下面挂有称盘，TG－328A 型全自动天平，左盘加砝码，右盘放被称物。TG－328B 型半自动天平，左盘放被称物，右盘放砝码。

（5）空气阻尼器　由两个特制的金属圆筒构成，外筒固定在支柱上，内筒比外筒略小，悬于吊耳钩下，两筒间隙均匀，没有摩擦。当梁摆动时，左右阻尼器的内筒也随着上下移动，使筒内外空气的压力一致，使产生抵制膨胀和压缩的力，即产生抑制梁摆动的力。这样利用筒内空气阻力使之很快停摆达到平衡，以加快称量速度。

（6）盘托和升降枢　为了使天平盘在不载重时稳定，或在称量时防止梁倾斜过度，在盘下装有盘托，为了使天平梁支撑起来进行称量，应用旋钮控制升降枢，将梁托起进行称量。

（7）平衡坨　在梁上部两端各装有一个平衡螺丝，用来调节天平零点。

（8）砝码和环码　半自动电光天平 1g 以下 10mg 以上的环码由指数盘操纵，如TG－328B型：砝码采用 1、2、2*、5 组合系统，每盒放有 1、2、2*、5、10、20、20*、50、100（g）共 9 个砝码，环码采用 1、1*、2、5 方式组合，从前向后依次悬挂的环码是 10、10*、20、50、100、100*、200、500mg，通过指数盘带动操纵杆加减环码。全自动电光天平砝码及环码全部由指数盘操纵，如 TG－328A 型：全部砝码悬挂在机械加码器上。

（9）指针和感量螺丝　指针固定在梁正中，下端后面有一块刻有分度标牌，借以观察天平梁倾斜程度。指针上装有感量螺丝，用来调节梁重心，以改变天平灵敏度。可根据指针判断轻重，指针向左偏，左盘轻，指针向右偏，右盘轻。

（10）光学读数装置　在指针下端装有一个透明微分标尺，后面用灯光照射，标尺经透镜放大 10～20 倍，再由反射镜反射到投影屏上，直接读出 10mg 以下质量。可根据投影屏上标尺移动方向判断轻重，标尺光屏向左移动，左盘重，向右移动，右盘重。

2. 基本操作　电光分析天平称量的关键在判断两边称盘轻重。

（1）称量　先粗称（或估计）物品质量，将物品放于称盘上，加砝码及环码，缓慢打开天平旋钮，根据指针或标尺移动方向判断两边称盘轻重；关闭天平旋钮，加减环（砝）码（由大到小，折半加减），直至打开天平旋钮时指针停留在标尺范围内。

（2）读数　将砝码、环码、标尺读数累加，并记录（如 21.2344g），即为物品质量。

二、电子分析天平

1. 原理、构件及功能　电子分析天平根据电磁力平衡原理设计制造，是最新一代的天平。

电子分析天平用弹簧片取代电光分析天平的玛瑙刀口作支撑点，用差动变压器取代升降枢装置，用数字显示替代刻度指针指示，具有使用寿命长、性能稳定、操作简便和灵敏度高等特点。具有自动校正、自动去皮、超载指示和故障报警等功能以及质量电信号输出功能，可与打印机、计算机联用（图 2－2）。

分析化学实验室常用电子分析天平的规格有万分之一和十万分之一。

2. 基本操作

（1）调水平，接通电源，预热。

（2）按下“ON”，待自检通过，将物品放于称盘上，天平达到平衡时记录显示屏读数。

（3）称量结束，按下“OFF”（若非长期不用，电源不需断开）。

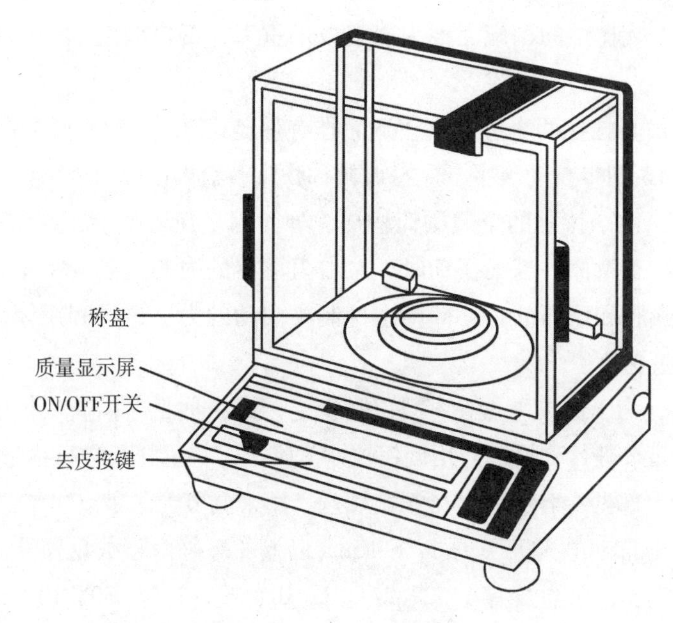

图 2-2　电子分析天平

三、称量方法

1. 直接称量法　该法直接称出样品的质量。通常用于称定某些在空气中性质稳定的物质，如：金属、合金。将样品放于已知准确质量的干燥清洁的表面皿或称量纸上，称出质量，减去表面皿或称量纸的质量即为样品质量。若用电子天平，可启用去皮功能，直接得到样品质量。

2. 增量法　又称指定量称量法，该法称取一定质量试样，在称取试样时常用。称量时根据需要及试样性质，可将试样置于称量纸或干燥的小烧杯、表面皿等器皿内称量，先对器皿称量（如用电子分析天平，可启用去皮功能），再用小牛角勺（药匙）逐渐加入试样（图 2-3），直至达到要求的质量。该法适用于称取在空气中不易吸湿的、性质稳定的粉末状样品。

3. 减量法　又称递减称量法或差量法，该法主要用于称取基准物质。称样时将样品置于称量瓶中，先称重倾出样品前的称量瓶（m_1），然后从称量瓶内倾出要求质量的样品，再称重倾出样品后的称量瓶（m_2），第一份试样质量即为 m_1-m_2，续倾出要求质量的样品并称重倾出样品后的称量瓶（m_3），第二份试样质量即为 m_2-m_3（图 2-4）。该法特点是连续称取 n 份试样时，只需称重 $n+1$ 次。若用电子分析天平则可启用去皮功能，在每称一份样品前重置零即可。该法还常用于称取易吸水、易氧化或易与 CO_2 反应的物质。

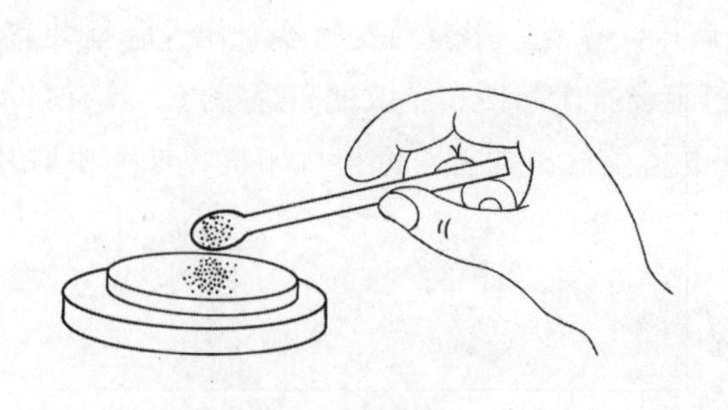

图 2-3　增量法

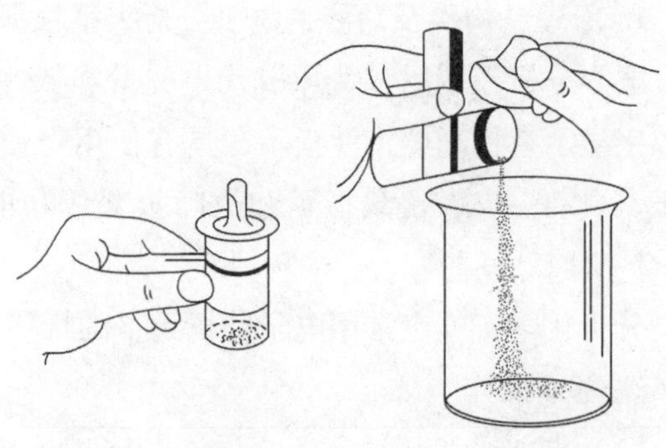

图 2-4　减量法

第二节　分析化学实验常用玻璃器皿

一、精密量取液体器皿

1. 滴定管　主要用于进行滴定分析，测量在滴定中所消耗溶液的体积。是一种细长、内径大小均匀且具有刻度的玻璃管，管的下端有玻璃尖嘴（图2－5）。常量分析有25ml、50ml两种规格，如25ml滴定管是将25ml分成25等份，每一等份为1ml，1ml中再分10等份，每一小格为0.1ml，读数时，在每一小格间可再估计出0.01ml。滴定管有酸式滴定管（图2－5a）、碱式滴定管（图2－5b）以及两用（聚四氟乙烯活塞）滴定管。

（1）酸式滴定管　下端有玻璃活塞，可盛放酸液及氧化剂，不能盛放碱液，因碱液常使活塞与活塞套粘合，难以转动。

（2）碱式滴定管　下端连接一橡胶管，内放一玻璃珠，以控制溶液的流出，下面再连接一尖嘴玻璃管，碱式滴定管只能盛放碱液，不能盛放酸或氧化剂等腐蚀橡胶的溶液。

（3）两用滴定管　其构造同酸式滴定管，仅用聚四氟乙烯活塞更换了玻璃活塞。使用方便，可用于盛放一般化学分析所有的滴定液。

2. 移液管　用于精密量取一定体积的液体。

（1）胖肚吸管　仅用于精密量取相应规格标示体积的液体。移液管中间有膨大部分（图2－6a），常用有1ml、2ml、5ml、10ml、25ml、50ml等规格。

（2）刻度吸管　可用于精密量取刻度所标示体积的液体。管壁具有分刻度(图2－6b)，常用有1ml、2ml、5ml、10ml等规格。

（3）移液枪　移液器的一种，常用于实验室少量或微量液体的量取。有多种规格，不同规格的移液枪配套使用不同大小的枪头。不同生产厂家生产的形状略有不同，但工作原理及操作方法基本一致。移液枪属精密仪器，使用及存放时均要小心谨慎，防止损坏，避免影响其量程。

3. 容量瓶　一般用于配制标准溶液或试样溶液。容量瓶是一种细颈梨形的平底瓶（图2－7），带磨口塞或塑料塞。颈上有标线，表示在所指温度下当溶液至标线时，液体体积恰好与瓶上所注明的体积相等。定量分析常用规格有1ml、2ml、5ml、10ml、25ml、50ml、100ml等。容量瓶不能久贮溶液，尤其是碱性溶液，会侵蚀粘住瓶塞，无法打开。因此，配制好溶液后，应将溶液倒入清洁干燥的试剂瓶中储存，容量瓶不能用火直接加热或烘烤。

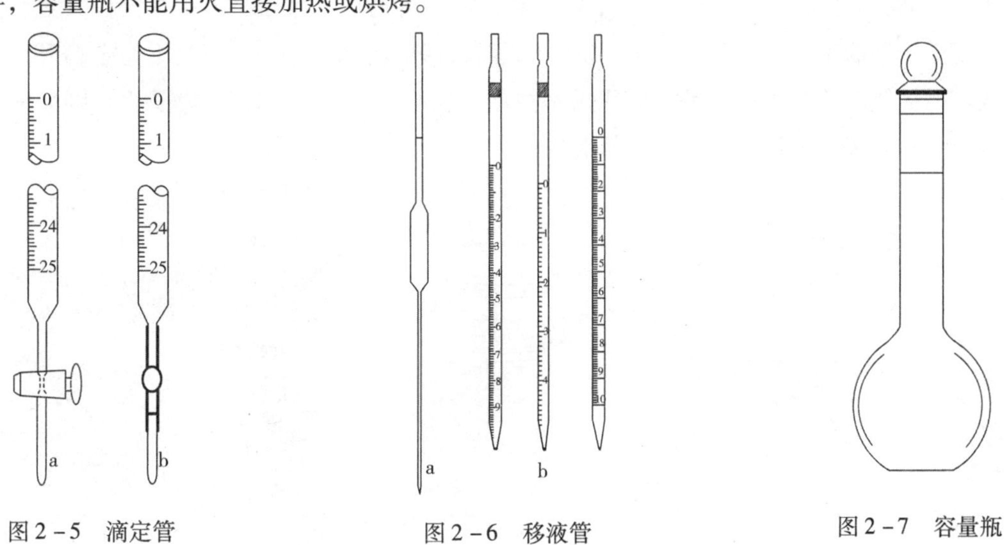

图2－5　滴定管　　图2－6　移液管　　图2－7　容量瓶

二、普通量取液体器皿

量筒和量杯分别可用于粗略量取液体体积，测量精度不高，不能加热，不能作反应容器。有 5ml、10ml、25ml、50ml、100ml、250ml、500ml、1000ml 等规格。分析常用 10ml、25ml、50ml、100ml 等规格。

三、其他常用玻璃器皿

1. 锥形瓶 滴定分析常用，很方便振荡。锥形瓶是反应器，可置于石棉网上受热，盛装液体一般不超过 1/2。

2. 碘量瓶 带磨口塞子的锥形瓶（图 2-8），主要用于碘量法测定。由于碘液较易挥发而引起误差，在用碘量法测定时，反应一般在具有玻璃塞，且瓶口带边的锥形瓶中进行，碘量瓶的塞子及瓶口的边缘都是磨砂的。在滴定时可打开塞子，用蒸馏水将挥发在瓶口及塞子上的碘冲洗入碘量瓶中。

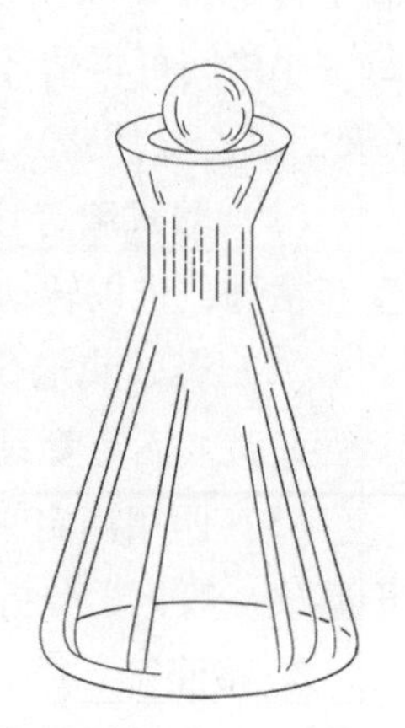
图 2-8 碘量瓶

3. 烧杯 用于配制溶液、溶解试样等，可置于石棉网上受热，但不宜烧干。分析常用有 25ml、50ml、100ml、250ml、500ml、1000ml 等规格。

4. 试剂瓶 分广口瓶和细颈瓶。广口瓶用于存放固体，细颈瓶用于存放液体。不能受热，若存放碱性溶液需换用橡皮塞。有透明和棕色，后者用于存放见光分解物质。

5. 滴瓶 用于存放实验时需滴加的试液；也有透明和棕色材质。

6. 称量瓶 分为扁形和高形两种。前者用于测定水分、干燥失重及烘干基准物质，后者用于称量基准物品，磨口盖需原配。

7. 干燥器 这是一种保持物品干燥的玻璃器皿（图 2-9a），干燥器内有一带孔的白瓷板，瓷板下面放干燥剂（不能多放，会玷污放在瓷板上的物品；干燥剂种类很多，有无水氯化钙、变色硅胶、无水硫酸钙、高氯酸镁等；浓硫酸浸润的浮石也是较好的干燥剂；常用变色硅胶。各种干燥剂都具有一定的蒸气压，因此在干燥器内并非绝对干燥，只是湿度较低而已）；干燥器盖边的磨砂部分应涂上一层薄薄的凡士林（可以使盖子密合而不漏气）；搬移干燥器时，应双手拿稳并紧紧握住器身与盖子，不可直接提盖子，以防摔碎（图 2-9b）。开启干燥器时，应一手抵住干燥器身，一手扶住其盖，并用拇指按住盖柄，把盖子往后平拉或往前平推开，以防滑落而打碎（图 2-9c），一般不完全打开，只开到能放入器皿为度。关闭时将盖子往前平推或往后平拉使其密合。不要将打开的盖子放在别的地方。常用于放置称量瓶、坩埚等，可使物品不受外界水分影响。

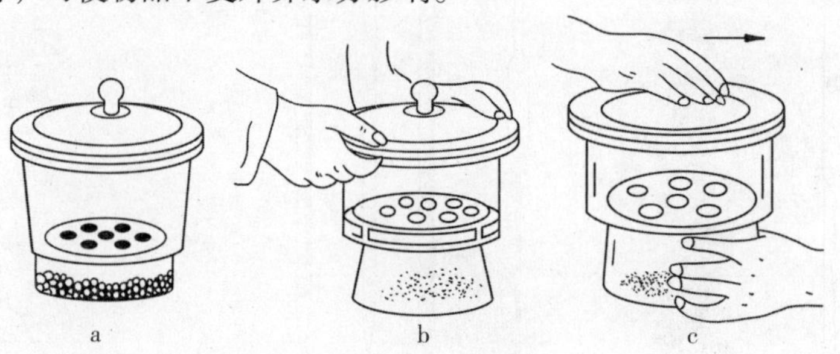

图 2-9 干燥器及搬移与开启

a. 干燥器；b. 搬移；c. 开启

第三节　重量分析法基本操作

一、沉淀制备

1. 沉淀条件　样品溶液浓度、pH、沉淀剂浓度和用量、沉淀剂加入速度、各种试剂加入次序、沉淀时溶液温度等条件要按实验步骤严格控制。

2. 加沉淀剂　将样品置于烧杯中溶解并稀释到一定浓度，加沉淀剂应沿烧杯内壁或沿玻璃棒加入，小心操作勿使溶液溅出损失。若需缓缓加入沉淀剂，可用滴管逐滴加入并搅拌。若需在热溶液中进行，最好在水浴上加热。

3. 陈化　沉淀完毕，将烧杯用表面皿盖好，放置过夜或在石棉网上加热近沸0.5～1h，再放置。

4. 检查沉淀是否完全　沉淀完毕或陈化完毕，沿烧杯壁加入少量沉淀剂，若上清液出现浑浊或沉淀，说明沉淀不完全，需补加沉淀剂使沉淀完全。

二、沉淀过滤与洗涤

1. 漏斗及选择　漏斗分为玻璃漏斗（用于过滤需灼烧的沉淀，可根据滤纸大小选择合适玻璃漏斗，放入的滤纸应比漏斗沿低约1cm，不可高出漏斗）；微孔玻璃漏斗或微孔玻璃坩埚（用于减压抽滤在180℃以下干燥而不需灼烧的沉淀）。各种漏斗及过滤装置见图2－10，玻璃坩埚规格与用途见表2－1。

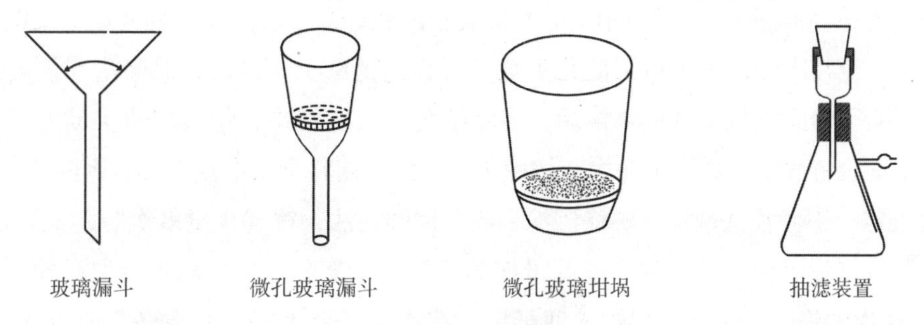

图2－10　漏斗与抽滤装置

表2－1　玻璃坩埚的规格和用途

坩埚滤孔编号	滤孔平均大小（μm）	用途
1	80～120	过滤粗颗粒沉淀
2	40～80	过滤较粗颗粒沉淀
3	15～40	过滤一般晶型沉淀及滤除杂质
4	5～15	过滤细颗粒沉淀
5	2～5	过滤极细颗粒沉淀
6	<2	滤除细菌

玻璃坩埚滤器的底部滤层为玻璃粉烧结而成。玻璃坩埚可用热盐酸或洗液处理并立即用水洗涤。但不能用损坏滤器的氢氟酸、热浓磷酸、热或冷的浓碱液洗涤。

2. 滤纸及过滤 ①滤纸：定量分析用滤纸称为定量滤纸或无灰滤纸（灰分在0.1mg以下或质量已知），分快速、中速及慢速滤纸，直径有7cm、9cm及11cm三种，滤纸的选择根据沉淀量及沉淀性质选择。如微晶型沉淀多用7cm致密滤纸，蓬松的胶状沉淀要用较大的疏松滤纸滤过。滤纸的折叠及安放见图2－11。将折好的滤纸放在洁净漏斗中，用手按紧使之密合，用蒸馏水将滤纸润湿，再用玻璃棒按压滤纸，将留在滤纸与漏斗壁之间的气泡赶出，使滤纸紧贴漏斗壁。②过滤：通常采用“倾泻法”过滤，操作如图2－12，先将沉淀倾斜静置，然后将沉淀上部的清液小心倾于滤纸上。

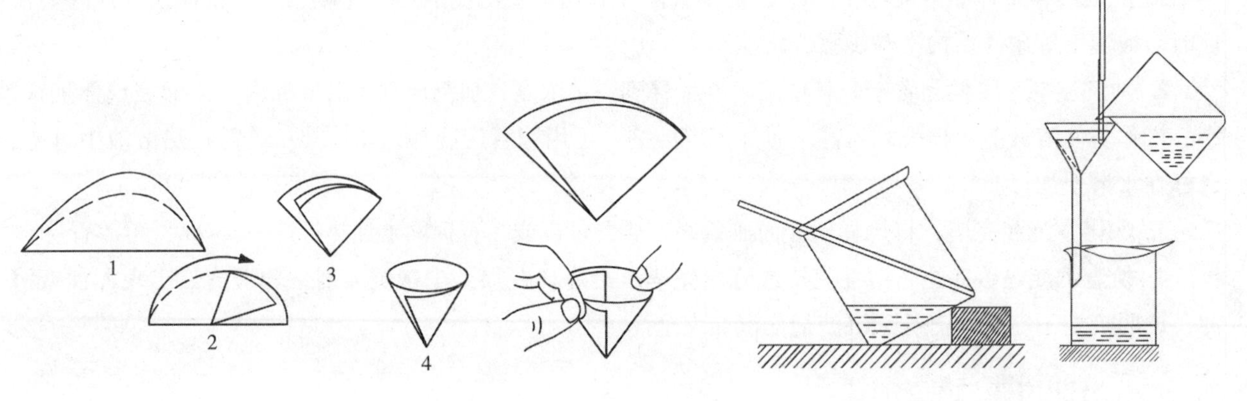

图2－11 滤纸的折叠及安放

图2－12 倾斜静置与过滤

3. 沉淀转移与洗涤

（1）沉淀转移 在烧杯中加入少量洗涤液，用玻璃棒将沉淀充分搅起，立即将沉淀混悬液一次倾入滤纸中（注意勿使沉淀损失）。然后用洗瓶吹洗烧杯内壁，冲下玻璃棒和烧杯壁上的沉淀，再充分搅起进行倾注转移，经几次如此操作将沉淀几乎全部转移到滤纸上。最后，对吸附在烧杯壁上和玻璃棒上的沉淀，可用撕下的滤纸角擦拭玻璃棒后，将滤纸角放入烧杯中，用玻璃棒推动滤纸角使附着在烧杯内壁的沉淀松动。将滤纸角放入漏斗中，按图2－13的方式将剩余沉淀全部转入漏斗中。

（2）沉淀洗涤 ①倾注法洗涤，洗涤沉淀一般采用倾注法，按“少量多次”的原则进行。洗涤时，将少量洗涤液（以淹没沉淀为度）注入滤除母液的沉淀中，充分搅拌，静止分层后倾注上清液经滤纸过滤，需经3～4次洗涤。②沉淀全部转入滤纸后，需在滤纸上进行最后洗涤，按图2－14方式操作，注意洗涤时应使前次洗涤液流尽后，再冲加第二次洗涤液。

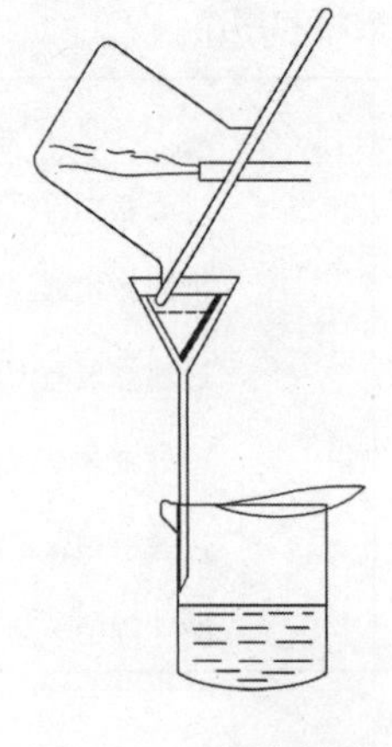

图2－13 沉淀转移

图2－14 沉淀洗涤

三、沉淀干燥与灼烧

1. 坩埚恒重　将洗净的坩埚带盖放入高温炉中，慢慢升温至灼烧温度，恒温30min，打开炉门稍冷后，用微热过的坩埚钳取出放在石棉网上，稍冷后将坩埚移入干燥器中（注意：要用手握住干燥器的盖并不时地将盖微微推开，以放出热空气，然后，盖好干燥器）；冷却30min，取出称重。再将坩埚按上述方法灼烧，冷却称重，直至恒重。

2. 沉淀包卷　用玻璃棒或干净的手指将滤纸三层部分掀起，把滤纸连同沉淀从漏斗中取出，然后打开滤纸，按图2－15所示方法包卷。

图2－15　沉淀包卷

3. 沉淀干燥　把包好的沉淀放入已恒重的空坩埚中，滤纸三层部分朝上，有沉淀的部分朝下，以利滤纸的灰化。将坩埚与沉淀放入干燥箱中105℃干燥。注意坩埚钳的摆放（图2－16）。

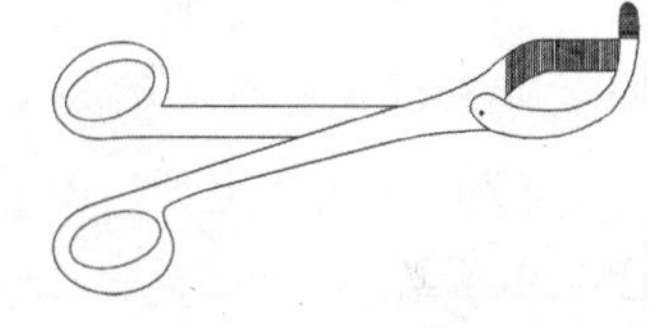

图2－16　坩埚钳放置

4. 沉淀的炭化、灰化与灼烧　沉淀干燥好后，将坩埚置于电炉上，先于低温使滤纸慢慢炭化（注意不要使滤纸着火燃烧）。待滤纸全部炭化后，可调高温度，将炭黑全部烧掉，完全灰化为止。最后将灰化完成的坩埚放入高温炉内灼烧，灼烧时要加盖，防止污染。恒温加热一定时间后，关闭电源，打开炉门，将坩埚移至炉口稍冷，取出后放在石棉网上，在空气中冷却至微热，移入干燥器，冷至室温，称量，直至恒重。

第四节　滴定分析器皿的基本操作

一、基本操作

（一）滴定管的操作

1. 使用前准备　使用前需检漏、润洗、排气泡等。

（1）酸式滴定管　为防止滴定管漏液，在使用前要将已洗净的滴定管活塞拔出，用滤纸将活塞及活塞套擦干，在活塞粗端和细端分别涂一薄层凡士林（图2－17），注意不要涂在塞孔处以防堵塞孔眼，把活塞插入活塞套内，转动数次，直到在外面观察时呈透明即可。在活塞末端套一橡皮圈以防在使用时将活塞顶出。然后在滴定管内装入蒸馏水，置滴定管架上直立2min观察有无水滴下滴，缝隙中是否有水渗出，然后将活塞转180°再观察一次，没有漏水即可使用。将标准溶液充满滴定管后，检查管下部是否有气泡，如有气泡，可转动活塞，使溶液急速下流驱前跑。

（2）碱式滴定管　将碱式滴定管洗净，装入蒸馏水，置滴定台架上直立 2min，观察有无漏液，若有，则更换较大玻璃珠。将标准溶液充满滴定管后，检查管下部是否有气泡，若有气泡，可将橡皮管向上弯曲，在稍高于玻璃珠所在处用两个手指挤压，使溶液从尖嘴口喷出，气泡即可排尽（图 2－18）。

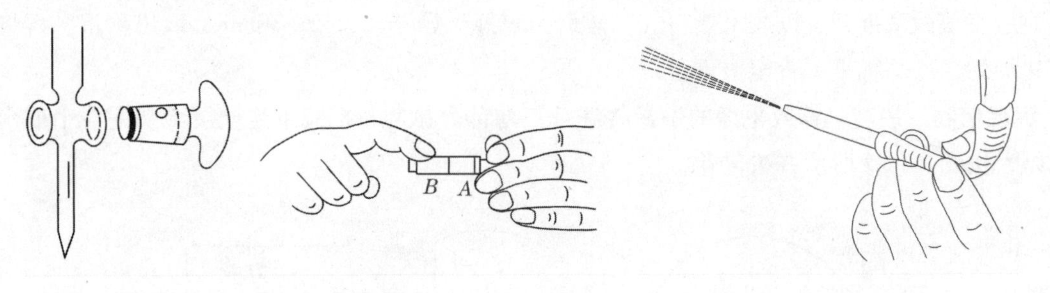

图 2－17　活塞处理　　　　图 2－18　排除气泡

（3）润洗及装液　为保证装入滴定管的溶液不被稀释，需用该溶液洗滴定管 3 次，每次用 6～8ml。洗法是注入溶液后，将滴定管横拿，慢慢转动，使溶液流遍全管，然后将溶液自下放出。润洗完成即可装入溶液。装溶液时要直接从试剂瓶倒入滴定管，不要再经过漏斗或滴管等中间容器。

2. 滴定操作　滴定时，左手操作滴定管控制溶液流量，右手拿住锥形瓶瓶颈（图 2－19a），向同一方向作圆周运动，旋摇，使滴下的溶液能较快地被分散进行化学反应。注意不要使瓶内溶液溅出。在接近终点时，用少量蒸馏水吹洗锥形瓶器壁，使溅起的溶液淋下，充分作用完全；同时，滴定速度放慢，以防滴定过量；每次加入 1 滴或半滴溶液，不断摇动，直至到达终点。

（1）酸式滴定管　左手拇指在前，食指及中指在后，一起控制活塞，在转动活塞时，手指微微弯曲，轻轻向里扣住，手心不要顶住活塞小头一端，以免顶出活塞，使溶液溅漏（图 2－19b）。

（2）碱式滴定管　用手指捏玻璃珠所在部位稍上处的橡皮，使形成一条缝隙，溶液即可流出（图 2－19c）。

（3）两用滴定管　操作同酸式滴定管。

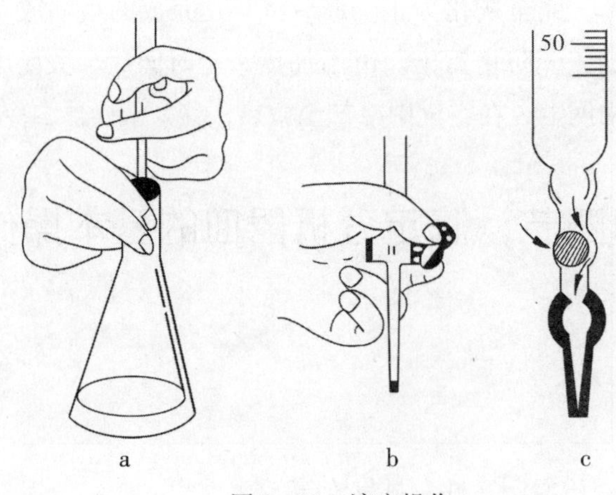

图 2－19　滴定操作

3. 滴定管读数　读数时滴定管下端不得有挂液，应将滴定管垂直夹于滴定管夹上或垂直手持（手持于无溶液区）。读数时应估计到 0.01ml，如滴定终点时记录读数 20.02ml。

（1）滴定管内的液面呈弯月形，无色溶液的弯月面比较清晰，读数时，眼睛视线与溶液弯月面下缘最低点应在同一水平上，眼睛的位置不同会得出不同的读数（图 2－20a）。为了使读数清晰，亦可在滴定管后面衬一张纸片作为背景，形成颜色较深的弯月带，读取弯月带的下缘，可不受光线的影响，易于观察（图 2－20b）。

（2）乳白板蓝线衬底的滴定管，则取蓝线上下两尖端相对点的位置读数（图 2－20c）。

（3）深色溶液的弯月面难以看清，如 $KMnO_4$ 溶液，可观察液面的上缘。

注意：由于滴定管刻度不完全均匀，在同一实验的每次滴定中，滴定液体积控制在滴定管刻度的同一部位，例如第一次滴定是在 0～24ml 的部位，第二次滴定也使用这个部位，可以抵消由于刻度不准确而引起的误差。

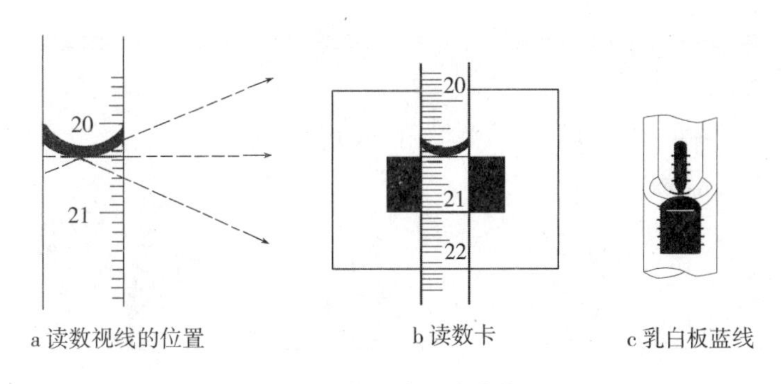

图 2－20　滴定管读数

（二）移液管操作

1. 润洗　使用时，洗净的移液管用待吸取的溶液洗涤三次，以除去管内残留的水分。方法：倒少许溶液于干燥洁净的小烧杯中，用移液管吸取少量溶液，将管横向转动，使溶液流过管内所有内壁，然后使管直立将溶液由尖嘴口放出（图 2－21a）。

2. 吸液　一般用左手拿吸耳球，右手把移液管插入溶液中吸取（图 2－21b）。当溶液吸至刻度以上时，马上用右手食指按住管口，取出用滤纸擦干下端，然后稍松示指，使液面平稳下降，直至液面的弯月面与标线相切，立即按紧食指。

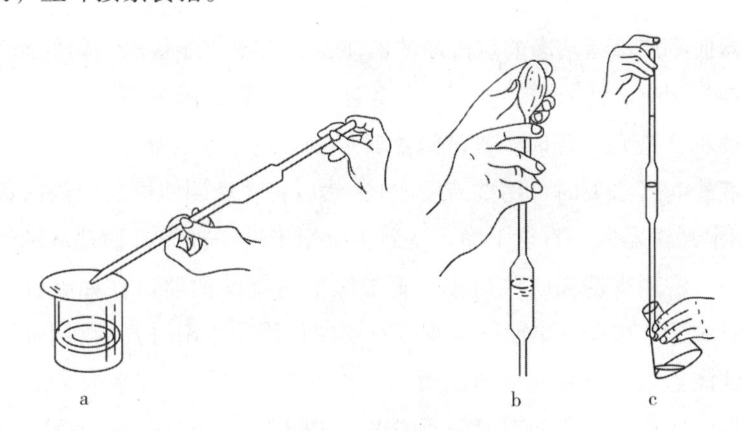

图 2－21　移液管操作

a. 移液管洗涤；b. 吸收溶液；c. 放出溶液

3. 放液　将移液管垂直置于接受溶液的容器中，容器倾斜，管尖与容器壁接触(图 2－21c)，放松食指，使溶液自由流出，流完后再等 15s（残留在管尖的液体不能吹出，因在校准移液管时，已扣除这部分体积。但是，如果移液管上标有"吹"字，则最后残留的液滴必须吹出）。

（三）容量瓶的操作

1. 检漏　使用前，先检查是否漏液。检查方法：装入自来水至近标线，盖好瓶塞，左手按住瓶塞，右手手指顶住瓶底边缘，把瓶倒立2min，观察瓶塞周围是否有水渗出，若不漏，将瓶直立，转动瓶塞一定角度，再倒立试漏（图2－22a），如此反复，若均无水渗出则可。

2. 定量转移 在配制溶液时，先将容量瓶洗净。如是固体配制溶液，先将固体在烧杯中溶解后，再将溶液转移到容量瓶中，转移时，要使玻璃杯的下端靠近瓶颈内壁，使溶液沿壁流下（图2－22c），溶液全部流完后，将烧杯轻轻沿玻璃棒上提，同时直立，使附着在玻璃棒与烧杯嘴之间的溶液流回到烧杯中，然后用蒸馏水洗涤烧杯三次，洗涤液一并转入容量瓶。

3. 定容 当加入蒸馏水至容量瓶容量的2/3时，摇动容量瓶，使溶液混匀。接近标线时，要慢慢滴加，直至溶液的弯月面与标线相切为止（注意手拿位置应在瓶颈刻度线上方，以免手温改变液体温度影响体积）。

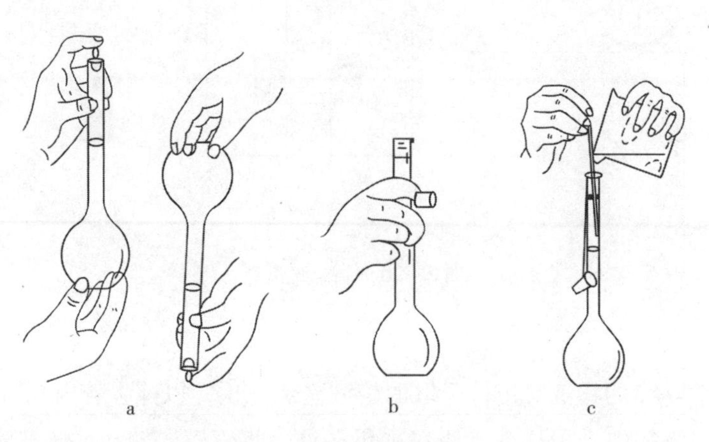

图2－22 容量瓶操作

a. 检查泥流与混匀；b. 瓶塞拿法；c. 溶液转移

二、器皿洗涤

（一）洗涤方法

分析化学所用的器皿都应该是洁净的。洗净的器皿，其内壁应能被水均匀的润湿而无条纹及水珠。

目前常用的洁净剂是肥皂、洗衣粉、去污粉、各种洗涤剂和有机溶剂等。

使用铬酸洗液（简称洗液）洗涤时，被洗涤器皿尽量保持干燥，倒（吸）少许洗液于器皿中，转动器皿使其内壁被洗液浸润（必要时可用洗液浸泡），然后将洗液倒回原装瓶内以备再用（若洗液颜色变绿，则弃之）。再用水冲洗器皿，直至干净。洗液主要用于洗涤被无机物玷污的器皿，它对有机物和油污的去污能力也较强。常用来洗涤一些口小、管细等形状特殊的器皿，如吸管、容量瓶等。洗液具有强酸、强氧化性，对衣服、皮肤、桌面、橡皮等有腐蚀作用，使用时要特别小心。

不论用何种方法洗涤器皿，最后都必须先用自来水冲洗，再用蒸馏水或去离子水荡洗三次。洗涤干净的器皿，放去水后，内壁只应留下均匀一薄层水，如壁上挂着水珠，说明没有洗干净，必须重洗。

1. 精确刻度量器洗涤 滴定管、容量瓶、移液管等具有精确刻度的量器，不能用毛刷刷洗。若内壁不干净，可选择用合适的洗涤剂超声清洗。必要时先把洗涤剂加热后加到待洗涤容器中，浸泡一段时间后超声清洗，再用自来水冲洗和蒸馏水润洗。

2. 一般容量器皿洗涤 如烧杯、锥形瓶、量筒、试剂瓶等，其洗涤方法是将洗衣粉配成0.1%～0.5%的溶液，用毛刷蘸取此溶液，刷洗其内壁，刷洗后用自来水冲洗，再用蒸馏水润洗三遍，即可使用。

3. 对不同的污染应采用不同的洗涤方法 例如，被AgCl沾污的器皿，用洗液洗涤是无效的，此时

可用 $NH_3 \cdot H_2O$ 或 $Na_2S_2O_3$ 洗涤。又如被 MnO_2 玷污的器皿，应用 $HCl-NaNO_2$ 的酸性溶液洗涤。

（二）洗液

1. 铬酸洗液制备　将5g重铬酸钾用少量水润湿，慢慢加入80ml粗浓硫酸，搅拌以加速溶解。冷却后贮存在磨口试剂瓶中，以防吸水而失效。

2. $KMnO_4-NaOH$ 溶液　将 $KMnO_4$ 10g溶于少量水中，向该溶液中注入10% NaOH 100ml溶液即成。该溶液适用于洗涤油污及有机物，洗后在玻璃器皿上留下的 MnO_2 沉淀，可用浓HCl或 Na_2SO_3 溶液将其洗掉。

3. 乙醇与浓硝酸混合液　此溶液适合于洗涤滴定管。使用时，先在滴定管中加入3ml乙醇，沿壁再加入4ml浓 HNO_3，盖上滴定管管口，利用反应所产生的氧化氮洗涤滴定管。

4. 盐酸－乙醇（1∶2）洗涤液　适用于洗涤被有机试剂染色的吸收池，吸收池应避免使用毛刷和铬酸洗液。

第五节　常用分析仪器及其使用

一、酸度计及其使用

（一）主要部件及其功能

酸度计（或称pH计）主要由电极和电位计两部分组成，是一种电化学测量仪器，可测定溶液的pH或电位。电位计是一高输入阻抗的毫伏计，有“选择”“温度补偿”“定位”等选择功能。

电极有指示电极、参比电极或复合电极，水溶液pH测量一般用玻璃电极作为指示电极，甘汞电极或银－氯化银电极作为参比电极，或用复合玻璃电极（常见由玻璃电极与银－氯化银电极组成）。

由于电极系统把溶液pH变为毫伏与待测溶液的温度有关，电位计附有温度补偿器。在测量pH时，温度补偿器所指示温度应与待测溶液温度相同。

由于电极系统零电位都有一定误差，若不进行校正，会影响测量结果准确性。酸度计上的“定位”选项，可消除电极系统的零电位误差。

电位计可通过“选择”确定仪器的测量功能。“pH”档用于pH测量，“mV”档用于测量电位。

（二）溶液pH测量基本操作

实验室常见酸度计有PHS－25、PHS－2、PHS－3C等型号，原理相同，结构略有差异，但使用时操作步骤基本一致。基本操作有：

1. 开机预热　装上电极（若用复合玻璃电极，插在指示电极插座上），开启电源，仪器选择置“pH”，预热20min。

2. 定位　①设置“温度”同标准pH缓冲溶液温度。②清洗电极，用滤纸吸掉蒸馏水，按顺序插入各标准pH缓冲溶液定位。③取出电极，清洗，用滤纸吸掉蒸馏水，待用。

3. 测量　设置“温度”同待测pH溶液温度，将电极插入，稍稍摇动烧杯（使之缩短电极响应时间），待稳定后读数，记录。

4. 关机　测量结束，关闭电源，电极取出，用蒸馏水清洗。根据情况选择合理方式存放相应电极。

（三）注意事项

玻璃电极浸泡于蒸馏水存放，复合玻璃电极浸泡于3mol/L KCl溶液中，长期不用则收起，用前分别在相应溶液中分别浸泡24h和8h以上。

二、紫外－可见分光光度计及其使用

紫外－可见分光光度计是在紫外－可见光区可任意选择不同波长的光测定溶液吸光度的仪器。商品仪器的型号很多，性能差别悬殊，但其基本原理一致。一般由五个主要部件构成，即光源、单色器、吸收池、检测器和信号显示系统。其基本流程为：

光源 ⟶ 单色器 ⟶ 吸收池 ⟶ 检测器 ⟶ 信号显示系统

（一）主要部件及其功能

紫外－可见分光光度计按光路系统分类，目前一般有单光束、双光束和二极管阵列等。国产的751型，752型等属于单光束光路类仪器，国内普遍应用的72系列可见分光光度计也属于单光束光路类，而国产730型分光光度计则属于双光束光路的仪器。一般国产仪器的主要部件及功能如下。

1. 样品室门 开门，可放置样品（部分仪器开门具有使光门自动关闭的作用）。

2. 比色皿架 在样品室内，用于放置比色皿（吸收池）。

3. 比色皿拉杆 操纵比色皿架，前后拉动可改变比色皿位置。

4. 显示窗 显示测量值。在不同输出方式下，分别显示透光率“*T*”、吸光度“*A*”或浓度及显示错误。

5. 方式设定 可选择输出方式，一般选择显示“*T*”或“*A*”等。

6. 波长设定 以减小或增大的方式设定测定波长。

7. “100 %T”功能 调零。选此功能操作，显示器应显示为100.0（%*T*）或0.000（*A*）。

8. “0 %T”功能 调零。选此功能操作，显示器应显示为0.0（%*T*）或（*A*）满量程（*A*）（例如2.500、3.000）（注：该程序不是所有型号的仪器均具有）。

（二）基本操作

紫外－可见分光光度计商品类型很多，但使用时操作步骤基本一致，包括以下几项。

1. 检查仪器 取出样品室内干燥。

2. 仪器通电 打开电源，等仪器自检通过，选择所需光源。

3. 设定波长并预热 通过波长设定，选择测定波长，预热（一般在20～30min）。

4. 仪器调零 光门关闭时，选择“0% T”功能操作，使显示器显示0.0（%*T*）或满量程（*A*）（注：若仪器无此程序则跳过此操作）；光门打开，光路畅通时，选择“100% T”功能操作，使显示器显示为100.0（%*T*）或0.000（*A*）。

5. 盛装溶液 将盛有参比溶液、待测溶液的比色皿依次置于比色皿架上（注意溶液占比色皿体积在2/3～4/5）。

6. 参比调零 将盛装参比溶液的比色皿置于光路，重复操作“（4）”。

7. 测定 拉动比色皿拉杆，依次将盛装待测溶液的比色皿置于光路，记录显示窗依次显示的读数*T*或*A*（根据需要可选择输出方式）。

8. 仪器复原 测定结束，①关闭电源；②清洗比色皿；③登记仪器使用记录；④清洁操作台面及实验室。

（三）使用注意事项

（1）仪器的光学系统是仪器的心脏部分，切勿轻易拆卸，要保持内部干燥、绝缘良好。

（2）样品室应保持干燥，防止试样交叉污染。试样不宜长时间放置在样品室。挥发性试样应在比色皿上加盖。

(3) 在大幅度改变测试波长时，需等数分钟后，才能正常工作（因波长大幅移动时，光能量变化急剧，使光电管受光后响应缓慢，需要光响应平衡时间）。

(4) 每台仪器所配套的比色皿不能与其他仪器上的比色皿单个调换。比色皿使用结束后，用蒸馏水荡洗三次，倒扣于吸水纸上，晾干。

(5) 待测溶液应呈澄清状，不得有沉淀、分层或为悬浮液，否则影响测定结果。

(6) 仪器工作1个月左右或搬动后，要重新进行波长准确性等方面的检查，以确保仪器的使用和测定的准确。

(7) 仪器关闭后，待其冷却至室温，样品室放入干燥剂，罩上机罩，避免长时间不用使光学系统染上灰尘，影响测定结果，并做好使用登记。

三、气相色谱仪及其使用

(一) 组成及其功能

目前国内外气相色谱（GC）仪的型号和种类很多，但均由六大系统组成，即气路系统、温控系统、进样系统、分离系统、检测系统和数据处理系统，流程见图2-23，功能分别为：

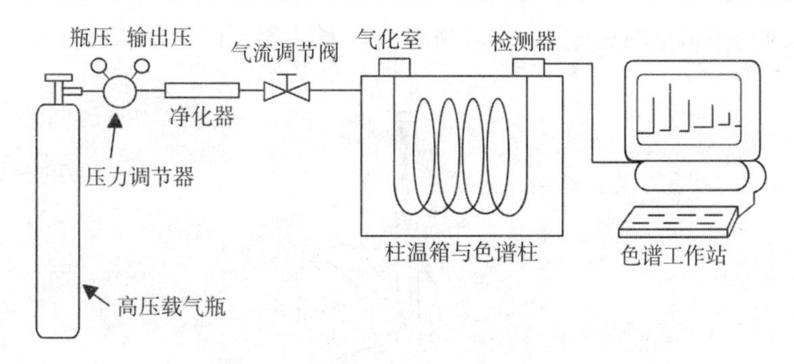

图2-23　气相色谱流程

1. 气路系统　由气源、净化器、气流控制装置构成，提供载气和/或辅助气体，并保证载气纯度（≥99.9%）及稳定流速。气源通常为高压钢瓶或气体发生器。

2. 温控系统　用于分别控制气化室、柱温箱、检测器温度，是实现气相色谱分离的保障。

3. 进样系统　包括样品导入装置（如注射器、六通阀和自动进样器等）和进样口，进样口主要由气化室构成。气化室是将液体样品瞬间气化为蒸气的装置。

4. 分离系统　主要包括色谱柱和柱箱。色谱柱是色谱分离的心脏。

5. 检测系统　即检测器（detector），可将混合气体中组分的量变成可测量的电信号，是色谱仪的“眼睛”。气相色谱仪的检测器已有五十余种之多。目前常用浓度型检测器有热导检测器、电子捕获检测器等。常用质量型检测器有氢火焰离子化检测器、氮磷检测器和火焰光度检测器及质谱检测器等。

6. 数据处理系统　最基本功能是将检测器输出的模拟信号进行采集、信号转换、数据处理并计算，打印出信号强度随时间的变化曲线——色谱图。

现代色谱仪都有一个色谱工作站（由工作软件+微型计算机+打印机组成），它能完成数据处理系统的所有任务，有些能对色谱仪实现实时自动控制。

(二) 基本操作流程

目前国内外气相色谱仪型号和种类较多，进行气相色谱分析的一般流程大体相同，所不同的是各仪器的操作规程。一般操作步骤如下。

（1）开气 打开载气总阀开关，调节出口阀压力。

（2）开机 打开仪器电源开关，仪器通过自检。

（3）设置色谱条件 打开主机面板（或工作站）的载气、辅助气（空气、氢气）（注：若无辅助气体，该步跳过）开关，设置流量；设置柱箱、进样器、检测器工作温度。

（4）设置分析通道 从主机面板（或工作站）选择分析通道（设置检测器，若是 FID，则需点火）。

（5）设定分析方法 打开工作站，进入主菜单，进行方法设定。

（6）进样分析 待信号值稳定后，即可进样分析，按同步触发采集数据，运行时间结束后，出现对话框，键入文件名，保存文件。

（7）处理数据 打开主菜单，进行谱图处理，选择存储谱图，或打印。

（8）仪器复原 色谱分析结束，设置柱箱、进样器、检测器温度下降。关闭电源、关闭载气总阀开关。登记仪器使用记录。

（三）手动进样操作

气相色谱法中手动进样用微量注射器进样，液体试样一般使用 1μl、5μl、10μl 等规格的微量注射器。微量注射器进样的操作示意图见图 2－24。进样时注意使用，以免针芯和针头折弯。

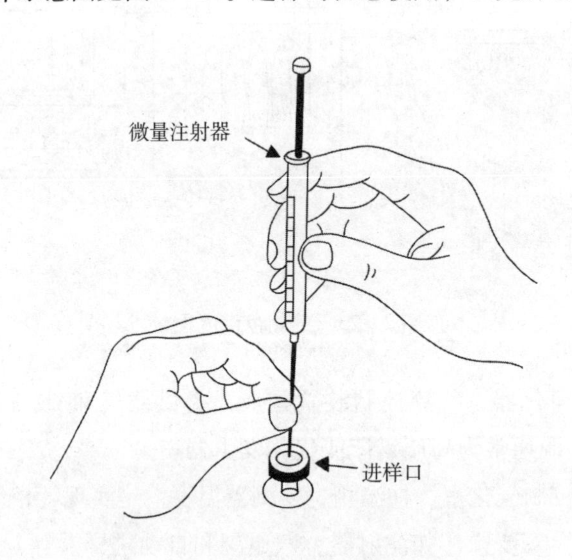

图 2－24 手动进样操作

（四）注意事项

（1）开机前应检查气路系统是否有漏气，检查进样口硅橡胶密封垫是否需更换。

（2）开机时先通载气后通电，关机时先关电源后停载气。

（3）柱温、气化室及检测器的温度根据样品性质确定。一般气化室温度比样品组分中最高的沸点再高 30～50℃即可，检测器温度应大于柱温。

（4）用 FID 检测器时，不点火严禁通 H_2，通 H_2 后要及时点火，并保证火焰点着。

（5）仪器基线平稳后，仪器上所有旋钮、按键不得乱动，以免改变色谱条件。

（6）微量注射器使用前应先用待测溶液洗涤数次，吸取样品时，注射器中不应有气泡。

四、高效液相色谱仪及其使用

高效液相色谱（HPLC）仪型号、配置多种多样，但其基本工作原理和基本流程一致，主要包括：高压输液系统、进样系统、色谱分离系统、检测器、数据处理系统等，如图2－25。

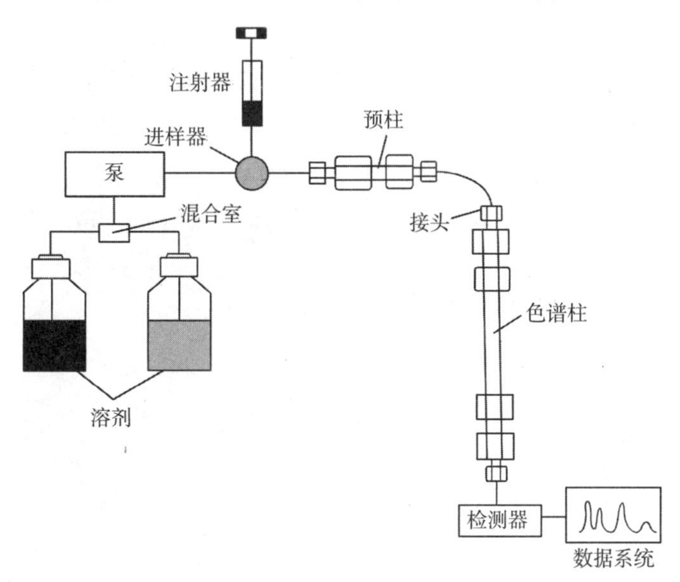

图2－25　高效液相色谱基本流程

（一）仪器基本组成及其功能

1. 高压输液系统　由溶剂贮液瓶、溶剂脱气装置、高压输液泵、梯度洗脱装置构成。

（1）贮液瓶　用于贮存流动相溶剂，一般为玻璃或塑料瓶，容积为0.5～2.0L，无色或棕色，棕色瓶可起到避光作用，盛放水溶液时可减缓菌类生长。贮液瓶的位置应高于泵，以保持一定的输液静压差。

（2）脱气装置　真空气机在线脱气。流动相中微小气泡在高压下会放大影响泵的工作；甚至会影响检测器的灵敏度、基线稳定性，乃至无法检测，因此必须脱气。脱气方法有离线脱气法和在线脱气法，而在线真空气机可实现流动相在进入输液泵前的连续真空脱气，适用于多元溶剂系统。简单的高效液相色谱仪无在线脱气装置，流动相必须用离线脱气法。

（3）高压输液泵　这是HPLC系统中最重要的部件之一。输液泵的性能好坏直接影响到整个系统的质量和分析结果的可靠性。输液泵应具备如下性能：①流量稳定，其RSD应小于0.5%，这对定性定量的准确性至关重要。②流量范围宽，分析型应在0.1～10ml/min范围内连续可调，制备型应能达到100ml/min。③输出压力高，一般可高达400～500kg/cm^2。④液缸容积小，适于梯度洗脱。⑤密封性好，耐腐蚀。

高压输液泵的种类很多，目前应用最多的是柱塞往复泵。

（4）梯度洗脱装置　用于进行梯度洗脱。高效液相洗脱方式有等度（isocratic）和梯度（gradient）两种，梯度洗脱方式有低压梯度（外梯度）和高压梯度（内梯度）。

低压梯度是在常压下将两种或多种溶剂按一定比例输入泵前的比例阀中混合后，再用高压泵将流动相以一定的流量输出至色谱柱。常见的是四元泵，其特点是只需一个高压输液泵，由计算机控制四元比例阀来改变溶剂的比例，即可实现二元～四元梯度洗脱，成本低廉、使用方便。由于溶剂在常压下混合，易产生气泡，故需要良好的在线脱气装置。

高压梯度一般只用于二元梯度，即用两个高压泵分别按设定比例输送两种不同溶液至混合器，在高压状态下将两种溶液进行混合，然后以一定的流量输出。其主要优点是，只要通过梯度程序控制器控制每个泵的输出，就能获得任意形式的梯度曲线，而且精度很高，易于实现自动化控制。

2. 进样系统 进样系统的作用是将试样引入色谱柱，装在高压泵和色谱柱之间，有手动和自动经六通阀进样。

（1）六通阀 具有6个口（图2－26），1和4之间接定量环，2接高压泵，3接色谱柱，5、6接废液管。进样时先将阀切换到“Load”，针孔与4相连，用微量注射器将样品溶液由针孔注入定量环中，充满后多余的从6处排出，然后将进样器阀柄顺时针转动60°至“Inject”，流动相与定量环接通，样品被流动相带到色谱柱中进行分离，完成进样。定量环常见体积有5μl、10μl、20μl、50μl等，可以根据需要更换不同体积的定量环。

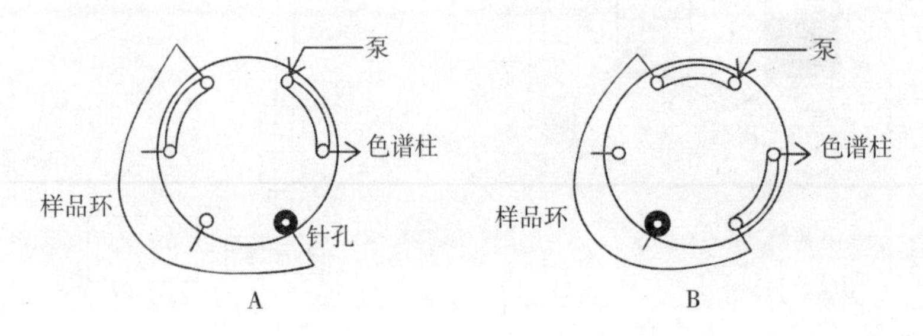

图2－26 六通阀手动进样器（A－Load；B－Inject）

（2）手动进样 用微量注射器将样品溶液注入六通阀，注意必须使用HPLC专用平头微量注射器，不能使用气相色谱尖头微量注射器，否则会损坏六通阀。进样方式有部分装液法和完全装液法两种。①部分装液法，注入的样品体积应不大于定量环体积的50%，并要求每次进样体积准确、相同。②完全装液法，注入的样品体积应最少是定量环体积的3倍，以完全置换定量环内流动相，消除管壁效应，确保进样准确度及重现性。

（3）自动进样 自动进样器由计算机自动控制进样六通阀、计量泵和进样针的位置，按预先编制的进样操作程序工作，自动完成定量取样、洗针、进样、复位等过程。

3. 色谱分离系统 包括保护柱、色谱柱、柱温箱、柱切换阀等。

（1）色谱柱 是分离好坏的关键，使用时，流动相的方向应与柱的填充方向一致。色谱柱的柱管外壁都以箭头显著地标示了该柱的使用方向，安装和更换色谱柱时一定要使流动相按箭头所指方向流动。

（2）柱温箱 用于使色谱柱恒温的装置，一般其控温范围高于室温，少数低于室温，通常控制柱温在30～40℃。有些柱温箱还具有柱切换装置。

色谱柱工作温度对保留时间、相对保留时间、溶剂溶解能力、色谱柱性能、流动相黏度都有影响。一般升高柱温，可增加组分在流动相中溶解度，减小分配系数K，缩短分析时间；可降低流动相黏度，降低柱压并提高柱效。

4. 检测器 其作用是将每一组分流出色谱柱的总量定量地转化为可供检测的信号。分通用型检测器和专用型检测器，前者常见的有示差折光检测器、蒸发光散射检测器等，以及目前发展较快的质谱检测器；后者主要有紫外检测器、荧光检测器等。最常用的是紫外检测器，常见有可变波长紫外检测器和二极管阵列检测器。

（二）基本操作

1. 准备　流动相配制、脱气，样品制备。

2. 开机　依次打开计算机、泵、检测器、柱温箱电源开关，仪器自检。

3. 装柱　将吸液头插入已经过滤和脱气处理的甲醇中，开启泵，使液体流出，调流速在0.2ml/min，连接色谱柱（注意方向），待液体流出色谱柱后，再与检测器连接。

4. 平衡　升高流速（常规分析柱一般至1ml/min），大约15min后，换上准备的流动相（若流动相含盐或甲醇比例较低，中间需适当过渡），待基线走稳。

5. 设置分析条件　仪器面板或色谱工作站设置分析条件，如设置泵参数：工作流速、流动相比例、高压限和低压限；设置检测器参数：如检测波长（nm）、灵敏度（AUFS）等；编辑样品名、采集时间、进样体积等。

6. 进样分析　待基线走稳后，进样分析，采集数据（图谱）。

7. 处理图谱　建立数据处理方法，选择峰宽、积分阈值、处理区间、指定最小峰面积和峰高等；处理色谱图，记录色谱图信息（色谱峰面积）。

8. 冲洗　全部测定完毕后，冲洗色谱柱和管路（调节溶剂洗脱强度从小到大冲洗柱子）。

9. 降流速　用面板功能或用色谱管理软件调控，流速每次降0.2ml/min，柱压稳定后再降0.2ml/min，降到0.0ml/min为止。

10. 实验结束　退出工作站，依次关闭工作站、关闭计算机、关闭各部件电源。登记仪器使用记录。

（三）注意事项

（1）高效液相色谱分析所用水均需纯化处理，用新鲜重蒸水、蒸馏水经脱离子处理或纯净水。

（2）流动相需经过滤、脱气后方可使用。样品需经过滤或高速离心后方可进样分析。

（3）做完实验后，反相色谱柱需用甲醇冲洗20～30min。若流动相中含盐类或缓冲溶液，应先配制相同比例的无盐流动相冲洗，逐渐变化到95%水溶液冲洗，再逐渐变化到用甲醇冲洗，以保护色谱柱和高压输液泵。

（四）泵的使用和维护

（1）防止任何固体微粒进入泵体，因此应过滤流动相。

（2）流动相不应含有任何腐蚀性物质，含有缓冲液的流动相不应停泵过夜或保留在泵内更长时间。必须泵入纯水将泵充分清洗后，再换成适合于保存色谱柱和有利于泵维护的溶剂。

（3）防止流动相耗尽空泵运转，导致柱塞磨损、缸体或密封损坏，最终产生漏液。

（4）输液泵的工作压力不能超过规定的最高压力，否则会使高压密封环变形，产生漏液。

（5）流动相应脱气，以免在泵内产生气泡，影响流量的稳定性，如果有大量气泡，泵将无法正常工作。

（五）离线脱气方法

（1）抽真空脱气　用微型真空泵，降压至0.05～0.07MPa即可除去溶解的气体。使用真空泵连接抽滤瓶可以一起完成过滤和脱气的双重任务，滤膜常用0.45μm，分有机相和水相膜，切不可用水相膜过滤有机相。

（2）超声波振荡脱气　将流动相置于超声波清洗机中，用超声波振荡10～30min，即可。

（3）吹氦脱气　使用在液体中比空气中溶解度低的氦气，以60ml/min的流速缓缓地通过流动相10～15min，除去溶于流动相中的气体。

（六）色谱柱的正确使用和维护

（1）避免压力、温度和流动相的组成比例急剧变化及任何机械震动。

（2）经常用强溶剂冲洗色谱柱，清除保留在柱内的杂质。

①硅胶柱：以正己烷（或庚烷）、二氯甲烷和甲醇依次冲洗，然后再以相反顺序依次冲洗，所有溶剂都必须严格脱水。甲醇能洗去残留的强极性杂质，己烷使硅胶表面重新活化。

②反相柱：以水、甲醇、乙腈、一氯甲烷（或三氯甲烷）依次冲洗，再以相反顺序依次冲洗（如果下一步分析用的流动相不含缓冲液，那么可以省略最后用水冲洗这一步）。

一氯甲烷能洗去残留的非极性杂质，在甲醇（乙腈）冲洗时重复注射100～200μl四氢呋喃数次，有助于除去强疏水性杂质。四氢呋喃与乙腈或甲醇的混合溶液能除去类脂。有时也注射二甲基亚砜数次。此外，用乙腈、丙酮和三氟醋酸（0.1%）梯度洗脱能除去蛋白质污染。

第三章　化学分析实验

实验一　电光分析天平称量

一、目的要求

1. 学会正确使用电光分析天平。
2. 练习固体样品的称量方法。
3. 熟悉砝码组合，了解电光分析天平结构。

二、仪器及试剂

1. 仪器　电光分析天平（0.1mg）；电子天平（0.1g）；称量瓶；锥形瓶；称量纸（或小烧杯、表面皿）。

2. 样品　固体样品（晶形粉末）。

三、实验内容

1. 观察、熟悉天平各部件的结构与性能，以及所处正确位置。
2. 称量练习　称样量：0.2g（±10%，0.18~0.22g）。

四、实验步骤

（一）称量前准备

（1）叠罩　取下天平罩，叠齐，置于天平箱顶上。

（2）物品放置　砝码盒放于指数盘一侧，容器放另一侧，记录本放中间。

（3）外观检查　①查水平（若气泡不在圆圈中间，旋转天平箱下前面两只垫脚螺丝，直至泡在圈中）。②查升降枢是否处于关闭状态，横梁、吊耳有无脱落。③查砝码是否齐全。④查指数盘是否指零，环码是否齐全、到位。⑤查称盘是否干净（如有粉尘，可用软毛刷轻轻扫净）。

（4）调零　接通电源，右手握旋钮，缓慢旋开，灯亮，观察零点。若不在零，可拨动拨杆调零（≤±0.3mg）。

（二）称量练习

（1）直接称量法　①预称，将称量瓶用普通电子天平（0.1g）称重；②试称，根据预称结果，加砝码及环码于一边称盘上，将称量瓶置于电光分析天平的另一边称盘上，关好边门。手握旋钮，缓慢旋开旋钮，根据指针或标尺移动的方向判断两边称盘轻重，关闭旋钮；③称重，根据判断结果，加减环（砝）码（由大到小，折半加减），直至打开天平旋钮时指针在标尺范围内；④读数，根据砝码、环码及标尺读数，关天平，记录称量瓶质量。

（2）增量法　①容器称重，用步骤（1）称重称量纸（也可以洁净干燥表面皿或小烧杯），记录容器质量 m_1；②预置环（砝）码，将环（砝）码按样品称重低限增加；③加样品，打开边门，用药匙取适量固体试样加于容器内（图2-3），关上边门；④加样后容器称重，缓慢旋开旋钮，根据指针或标尺移动的方向判断两边称盘轻重，若样品盘轻，则表明加样不够，则继续加样，如此反复操作（反复次数越少越好），直至所加试样质量达到要求后，记录准确读数 m_2。试样质量 $m = m_2 - m_1$。

（3）减量法　①样品倾出前称量瓶称重，用步骤（1）将称量瓶称重，记录倾出样品前称量瓶质量 m_1。②预置环（砝）码，在指数盘上减去所需倾出样品质量低限。③倾样品。取出称量瓶，左手拿瓶、右手拿盖，在容器口上方，用瓶盖轻敲瓶的上部（瓶微微上倾，勿使瓶底高于瓶口，以防试样冲出，见图2-4），使试样慢慢落入容器中，倾毕，慢慢竖起称量瓶（竖起时一边敲瓶口上部，一边慢慢地将瓶竖起，使粘在瓶口的试样落入瓶中，该操作过程仍在容器口上方），盖好瓶盖；将称量瓶放回称盘，关上边门。④样品倾出后称量瓶称重，缓慢旋开旋钮，根据指针或标尺移动的方向判断两边称盘轻重，若样品盘重，则表明倾出量不够，取出称量瓶继续敲瓶，如此反复操作（反复次数越少越好），直至倾出的试样质量达到要求后，记录准确读数 m_2。第一份试样质量 $m = m_1 - m_2$。

第二份样品称重，重复进行步骤（3）-②③④的操作即可，若需称取三份试样，则连续称重四次即可。

（三）复原

称量结束，关闭天平，取出砝码与称量瓶，将指数盘指零，关闭天平门。罩上天平罩，登记使用记录，凳子归位。

五、数据记录与处理

	1	2	3
容器或称量瓶+样品（倾出前）m_1（g）			
容器+样品或称量瓶+样品（倾出后）m_2（g）			
样品质量 m（g）			

六、注意事项

1. 实验前认真阅读第二章第一节相关内容。

2. 使用分析天平进行减量法称量时不可以裸手接触称量瓶，应戴手套（自备薄棉白手套）或叠纸条操作（图2-4）。

3. 天平要轻开轻关，调节砝码时，可以先半开，待临近平衡点，光屏缓慢移动时再完全打开旋钮。取放物体、加减砝码和环码时，必须关闭天平，以保护玛瑙刀口。

4. 称量时，应关好边门（减少空气流动、湿度变化等的影响），不得随意打开前门。

5. 取砝码时必须用镊子夹取，严禁直接裸手拿。

6. 不得使天平载重超过最大负载（m_{max} 200g）。

7. 数据应及时记录在实验报告上，严禁写在实验书上或其他纸上。

七、思考题

1. 将物品或砝（环）码在称盘上取下或放上去时，为什么必须关闭天平托住天平横梁？

2. 在减（增）量法称出样品过程中，若称量瓶内的试样吸湿，对称量结果会造成什么影响？若试样倾入锥形瓶内再吸湿，则对结果是否有影响？为什么？

3. 在称量过程中如何运用优选法较快地确定出物品的质量？

4. 在减（增）量法称量中，零点是否要求绝对准确？是否参加计算？

5. 在称量练习的记录和计算中，如何正确运用有效数字？

实验二　电子分析天平称量

一、目的要求

1. 掌握固体样品的称量方法。

2. 学会电子分析天平的使用。

3. 了解电子分析天平的结构、原理及功能。

二、仪器与试剂

1. 仪器　电子分析天平（精确度0.1mg）；称量瓶；锥形瓶；称量纸（或小烧杯或表面皿）。

2. 样品　固体样品（晶形粉末）。

三、实验内容

1. 熟悉仪器　观察熟悉天平的构造、性能及按钮功能。

2. 称量练习

（1）直接称量法。

（2）增量法（指定量称量法）　称样量：0.2g（±10%，0.18~0.22g）。

（3）减量法　称样量：0.2g（±10%，0.18~0.22g）。

四、实验步骤

（一）称量前准备

（1）叠罩　取下天平罩，叠齐，叠好后放在天平箱后方的台面上。

（2）物品放置　称量时，操作者面对天平端坐，记录本放在天平右侧台面上，存放样品的器皿放在天平左侧。

（3）外观检查　①查天平称盘是否干净（如有粉尘，可用软毛刷轻轻扫净）；②查水平（天平称盘旁有一水平泡，若气泡不在圆圈中间，根据气泡位置判断前后、左右高矮，按照顺时针旋增高、逆时针旋降低的规则，旋转天平底板下的两只垫脚螺丝，直至气泡在圈中）。

（4）开机　①接通电源，预热10~20min；②轻按“ON”键，显示窗亮，仪器进入自检（将依次显示：天平型号、称量模式、零点数字。如显示窗上显示不为0.0000g，按“TAR”键归零）。

（二）称量练习

（1）直接称量法　将称量瓶置于称盘上，待天平平衡（显示窗上有标志熄灭或出现时），记录显示窗的读数，即得称量瓶质量。

（2）增量法　将称量纸（也可以干燥小烧杯或表面皿）置于称盘上，待天平平衡后，按“TAR”

键归零（去皮）。打开天平两侧边门，左手拿试样瓶，右手拿药匙，在称量纸上方，将试样加载于称量纸上（图2-3），观察显示窗读数，待符合要求时，关上天平边门，待天平平衡，记录显示窗读数，即为样品质量 m。

（3）减量法　将称量瓶置于称盘上，待天平平衡后，按“TAR”键归零。取出称量瓶，左手拿瓶，右手拿盖，对准容器口，用瓶盖轻敲瓶口上部（图2-4，瓶微微上倾，勿使瓶底高于瓶口，以防试样冲出），使试样慢慢落入容器中，竖起时一边仍敲瓶口上部，一边慢慢地将瓶竖起，使粘在瓶口的试样落入瓶中，盖好瓶盖，再把称量瓶放回天平上称量，显示窗显示负值（如-0.2020g），此负值的绝对值（0.2020g）即为敲出试样质量 m。若倾出不够重，取出称量瓶继续敲瓶，如此反复操作（反复次数越少越好），直至倾出试样质量达到要求，记录读数。

（三）复原

称量结束后，轻按“OFF”键即关闭显示窗。将称盘上样品取出，关上天平边门，套好天平罩，登记使用记录，板凳归位（若较长时间不用天平，应拔去电源线）。

五、数据记录与处理

样品质量 m（g） 称量方法	1	2	3
直接称量法			
增量法			
减量法			

六、注意事项

1. 实验前认真阅读第二章第一节相关内容。

2. 在使用分析天平减量法称量过程中，不能裸手拿称量瓶，可戴手套或叠纸条（图2-4）。称量瓶自干燥器中拿出后，或置于天平称盘或拿于手中，不得随便放置。

3. 读数时应关好天平两侧的玻璃门，以免空气对流造成读数不稳定。

4. 天平调好水平后，使用时不得挪动天平的位置；不得使天平载重超过最大负载。

5. 在减（增）量法中，称量中途不得再按“TAR”清零功能键。

6. 数据应及时记录在实验报告上。不得随意写在实验书、纸片或仪器使用记录本上。

7. 用电子分析天平减量法称量也可以不用“TAR”清零功能键。可先称出敲出物品前质量 m_1，取下称量瓶敲出试样，再把称量瓶放置天平上，记下读数为 m_2，两次称量值的差值即为敲出第一份试样质量。重复敲出样品称重，以 m_3-m_2 即为第二份敲出试样的质量。

七、思考题

1. 为什么称量时天平两侧的玻璃门不能打开？

2. 为什么天平调好水平后，使用时不得挪动天平的位置？

3. 为什么在减量法和指定量称量法中，称量中途不得再按“TAR”清零功能键。

实验三　挥发重量法测定组分含量

一、目的要求

1. 巩固分析天平称量操作。
2. 掌握恒重的概念以及操作方法。
3. 学会干燥失重法操作或灰分测定法操作及高温炉（马弗炉）的使用。

二、基本原理

本实验内容可二选一。

（一）干燥失重

应用挥发法，将样品在温度为105℃的电热干燥箱内干燥，使其中水分及挥发性物质逸去后，根据样品的失重计算干燥失重。计算公式为：

$$\omega_{干燥失重} = \frac{m_s^0 - m_{瓶+样}^t + m_{瓶}}{m_s^0} \times 100\%$$

（二）灰分测定

应用挥发法，置样品于高温下炽灼，使其完全炭化，并进而灰化，根据残渣重可计算样品中灰分含量。计算公式为：

$$\omega_{灰分} = \frac{m_{埚+渣} - m_{埚}}{m_s^0} \times 100\%$$

三、仪器与试剂

1. 仪器　电子分析天平（0.1mg）；干燥器（内置有效变色硅胶）。①称量瓶（3cm，扁型）、电热干燥箱；②坩埚及坩埚钳、高温炉（马弗炉）。

2. 样品　①葡萄糖；②生药。

四、操作步骤

（一）干燥失重

（1）称量瓶恒重　将洁净称量瓶瓶盖半开，置于105℃电热干燥箱中进行干燥（1～2h），取出称量瓶，密盖，置干燥器中冷却至室温（15～30min），精密称定；重复上述操作（干燥约30min）至连续2次称重的差值小于0.3mg（即恒重），以轻者作为恒重称量瓶重 $m_{瓶}$。

（2）试样干燥失重　取混合均匀的试样约1g（若试样结晶较大，应先迅速捣碎使成2mm以下的颗粒），精密称定（得 m_s^0），平铺于上述已恒重的称量瓶中（厚度一般不可超过5mm），瓶盖半开，后续操作同步骤（1）称量瓶干燥恒重，自“置于105℃”至“以轻者作为”，得干燥失重后（称量瓶＋样品）重 $m_{瓶+样}^t$。根据样品失重计算干燥失重。

（二）灰分测定

（1）坩埚恒重　将坩埚用饱和 $FeCl_3$ 水溶液标记（锅和盖标记一致），置马弗炉中，逐渐升高温度，于500～600℃炽灼，1～1.5h后停止加热，微开炉门稍冷，用微热过的坩埚钳取出坩埚置于石棉网上，稍冷后将坩埚移入干燥器中（注意：要用手握住干燥器的盖并不时地将盖微微推开，以放出热空气，然后，盖好干燥器），冷却至室温（15～30min），取出精密称定；重复上述操作（炽灼约30min）至连续2次称量差值小于0.3mg（即恒重），以轻者作为坩埚质量 $m_{埚}$。

（2）灰化　取样品粉末（过1号筛）约3g，精密称定（得 m_s^0），置于上述恒重坩埚中，置马弗炉中，低温缓缓炽灼（注意避免燃烧），至完全炭化时，后续操作同步骤（1）坩埚炽灼恒重中自“逐渐升高温度”至“以轻者作为”，得（坩埚+残渣）重 $m_{锅+渣}$。根据残渣重计算样品中灰分含量。

五、数据记录与处理

样品号		1		2	
	恒重次数	质量（g）	误差（g）	质量（g）	误差（g）
称量瓶（坩埚）（g）	1		—		—
	2				
	3				
样品 m_s^0（g）					
称量瓶+样品 $m^t_{瓶+样}$（g）[坩埚+残渣 $m_{锅+渣}$（g）]	1		—		—
	2				
	3				
干燥失重（灰分）（%）					
平均干燥失重（灰分）（%）					
相对平均偏差（%）					

六、注意事项

1. 第一次干燥（灰化）时间可依据称量瓶（坩埚）的干燥程度设定，干的容器可设置时间较短（1h），湿的容器则需设置时间较长。

2. 在干燥器中冷却至室温的时间，可依据环境温度设定，冬天可设置时间较短（15min），气温高时冷却时间需久些，并且每个实验的几次冷却过程时间需要一致。

3. 热的容器放入干燥器时，必须手握盖子，多次推动不断开、盖，以便放气。

七、思考题

1. 在实验中记录称量数据应准确至几位？为什么？
2. 什么叫干燥失重？空称量瓶为什么要干燥恒重？加热干燥适于哪些药物的测定？
3. 什么叫恒重？影响恒重的因素有哪些？恒重时，几次称量数据取哪一次为实重？
4. 药品灰分测定与干燥失重的测定有何异同？
5. 为何在炭化时要先在低温下缓缓炽灼，避免燃烧？

实验四　沉淀重量法测定组分含量

一、目的要求

1. 巩固分析天平称量操作与恒重操作。
2. 练习沉淀重量法的基本操作技术。
3. 加深理解晶形沉淀的形成条件。

二、基本原理

取适量试样，精密称定，溶解，试样中的待测组分在一定条件下，加沉淀剂定量生成沉淀，经过滤、干燥或灼烧后转化为称量形式，精密称定，根据换算因素，即可计算试样中的含量。（以下内容二选一）

（一）芒硝中硫酸钠含量测定

芒硝主要成分为硫酸钠（Na_2SO_4，$M=142.0g/mol$）在 HCl 酸性溶液中，以 $BaCl_2$ 作沉淀剂使成硫酸钡（$BaSO_4$，$M=233.4g/mol$）晶型沉淀析出，经过滤、干燥、灼烧后称定称量形式（$BaSO_4$）质量，根据换算因素，可计算芒硝中硫酸钠（以 Na_2SO_4 计）含量。计算公式：

$$\omega_{Na_2SO_4}=\frac{m_{BaSO_4}\times 0.6084}{m_s}\times 100\%$$

式中，0.6084 为换算因素。

（二）盐酸小檗碱含量测定

盐酸小檗碱（$C_{20}H_{18}O_4NCl\cdot 2H_2O$，$M=407.85g/mol$），为季胺型小檗碱的盐酸盐。在冷水中微溶，在热水中易溶。在酸性条件下，与三硝基苯酚可定量生成苦味酸小檗碱（$C_{20}H_{17}O_4N\cdot C_6H_3O_7N_3$，$M=564.56g/mol$）沉淀。经过滤、洗涤、干燥后称定沉淀重，根据换算因素，即可计算样品中盐酸小檗碱（以 $C_{20}H_{18}O_4NCl\cdot 2H_2O$ 计）的含量。反应为：

$$C_{20}H_{18}O_4NCl+C_6H_3O_7N_3 = C_{20}H_{17}O_4N\cdot C_6H_3O_7N_3\downarrow+HCl$$

计算公式为：

$$\omega_A=\frac{m_D\times 0.7224}{m_s}\times 100\%$$

式中，m_D 为称量形式重；m_s 为样品重；0.7224 为换算因数。

三、仪器与试剂

1. 仪器　电子分析天平（0.1mg）；干燥器（内置有效变色硅胶）；烧杯；水浴锅；①玻璃漏斗、坩埚、坩埚钳、马弗炉；②垂熔玻璃漏斗（4 号）、电热干燥箱。

2. 试剂　①5% $BaCl_2$ 溶液、2mol/L HCl 溶液、$AgNO_3$ 试液、稀硝酸、无灰滤纸；②0.1mol/L 盐酸溶液、三硝基苯酚饱和水溶液、三硝基苯酚稀溶液。

3. 样品　①芒硝；②盐酸小檗碱。

四、实验步骤

（一）芒硝中 Na_2SO_4 含量测定

取试样约 0.4g，精密称定，置烧杯中，加蒸馏水 200ml 使溶解，加 2mol/L HCl 溶液 2ml，加热近沸，在不断搅拌下缓慢加入5% $BaCl_2$ 溶液（约1滴/秒），直到不再发生沉淀（15~20ml），放置过夜或置水浴上加热30min，静置1h（陈化）。用无灰滤纸以倾泻法过滤，将沉淀转移至滤纸上，再用蒸馏水洗涤沉淀直至洗液不再显 Cl^- 反应（用 $AgNO_3$ 的稀 HNO_3 溶液检查）。将沉淀干燥后转入恒重坩埚中，灰化、灼烧至恒重，精密称定，计算 Na_2SO_4 的含量。

（二）盐酸小檗碱含量测定

取供试品约0.2g，精密称定，置250ml烧杯中，加热蒸馏水100ml使溶解，加0.1mol/L盐酸溶液10ml，立即缓缓加入三硝基苯酚饱和水溶液30ml，置水浴上加热15min，静置2h以上。取恒重垂熔玻璃漏斗，滤过，沉淀先用三硝基苯酚稀溶液洗涤，继用水洗涤3次，每次15ml。将沉淀与漏斗于100℃干燥至恒重，精密称定，计算供试品中盐酸小檗碱（以 $C_{20}H_{18}O_4NC1 \cdot 2H_2O$ 计）的含量。

五、数据记录与处理

样品号		1		2	
称量瓶（坩埚）（g）	恒重次数	质量（g）	误差（g）	质量（g）	误差（g）
	1		—		—
	2				
	3				
样品 m_s^0（g）					
称量瓶+样品 $m^t_{瓶+样}$（g）［坩埚+残渣 $m_{锅+渣}$（g）］	1		—		—
	2				
	3				
干燥失重（灰分）（%）					
平均干燥失重（灰分）（%）					
相对平均偏差（%）					

六、注意事项

1. 本实验内容二选一。
2. 垂熔玻璃漏斗、坩埚恒重参见第二章第二节与本章实验三相关内容。

七、思考题

1. 结合实验说明形成晶型沉淀的条件有哪些？
2. 如何设计实验中样品的取样量？
3. 如何检查沉淀作用完全与否？
4. 何为陈化？沉淀进行陈化的目的是什么？

实验五　滴定分析器皿使用与校准

一、目的要求

1. 掌握滴定分析器皿的基本校准方法。

2. 练习滴定分析器皿的基本操作及准确读数。

3. 了解滴定分析器皿的误差。

二、基本原理

滴定分析器皿，又称容量分析器皿（以下简称器皿）的体积测量误差是滴定分析误差的来源之一。根据滴定分析的允许误差（<0.2%），一般要求所用器皿测定溶液体积的误差在小于0.1%。但大多数器皿，由于存在如不同商品等级、温度变化等种种原因，使器皿的实际容积与标示容积之差超出允许误差范围。为了提高分析结果的准确性，应适时对器皿进行校准。器皿校准根据具体情况可采用绝对校准法与相对校准法。

1. 绝对校准法 该法通过测定器皿的实际容积进行。方法：称量器皿中所放出或所容纳纯水的质量，然后将该质量除以该温度下水的校准密度 d_t'（d_t' 表示温度为 t℃时 1ml 纯水在空气中用黄铜砝码称得的质量）即得到实际容积。例如，在25℃校准滴定管时，若滴定管放出纯水容积19.88ml，称得重为19.82g，查得25℃时纯水的校准密度为0.9961，实际容积为：19.82/0.9961 =19.90（ml），则校正值为0.02ml。

滴定管、移液管、容量瓶一般采用绝对法。

2. 相对校准法 用于两种器皿按一定比例配套使用时。例如，25ml移液管与100ml容量瓶的体积比应为1:4。

三、仪器与试剂

1. 仪器 分析天平；25ml酸（碱）式滴定管；100ml容量瓶；25ml移液管；50ml锥形瓶；温度计。

2. 试剂 蒸馏水。

四、实验步骤

（一）滴定管的校准

将蒸馏水装入洁净的滴定管中，调节零刻度（≤0.5ml），正确读数（0.01ml）并记录，同时测定水的温度。

取一干燥50ml锥形瓶，置于分析天平称重（0.01g），然后从滴定管放出5ml蒸馏水于锥形瓶中，1min后正确记录滴定管读数（0.01ml），于同一台分析天平称取锥形瓶加水后的质量。然后再放5ml蒸馏水、记录滴定管读数、称重。如此反复进行直至滴定管读数为25ml。以5ml为一段计算实际容积及其校正值，然后求出累积校正值。

重复测定，要求两次的校正值之差应不大于0.02ml。

（二）移液管的校准

同滴定管的校准，称量移液管准确量取蒸馏水的质量，计算，即得。

（三）移液管与容量瓶的相对校准

用25ml移液管量取蒸馏水于干净且干燥的100ml容量瓶中，量取四次后，观察瓶颈处水的弯月面是否刚好与标线相切。若不相切，则应在瓶颈另作一记号为标线，作为与该移液管配套使用时的容积。

五、数据记录及处理

1. 滴定管校准表

水温：________℃；d_t' =________

读数	V（ml）	$m_{瓶+水}$（g）	$m_水$（g）	$V_实$（ml）	$\Sigma\Delta V$（ml）	$\Sigma\Delta V$（ml）
0.03	——	23.45	——			
5.02	4.99	28.42	4.97			
10.05	5.03	33.42	5.00			

2. 移液管校准表

标示容量：________ml；水温：________℃；d_t' =________

	$m_瓶$（g）	$m_{瓶+水}$（g）	$m_水$（g）	$V_实$（ml）	ΔV（ml）
1					
2					
3					

六、注意事项

1. 滴定管加满表示滴定管起始体积读数不大于0.5ml。

2. 注意滴定管使用前应检漏；将蒸馏水充满滴定管后，应检查管下部是否有气泡，需除去气泡。

3. 滴定管读数时将滴定管垂直夹在滴定管夹上或垂直手持（手握无溶液区），读数时，眼睛视线与溶液弯月面下缘最低点应在同一水平上，读取弯月面的下缘，或乳白板蓝线衬底的，则取蓝线上下两尖端相对点的位置读数（图2-20b）。

七、思考题

1. 校准滴定管时，为什么锥形瓶和水的质量只需准确至0.01g?

2. 为什么容量分析要用同一支滴定管或移液管？为什么滴定时每次都应从零刻度或零刻度以下附近开始?

3. 校准容量器皿为什么使用蒸馏水而不是自来水？为什么要测水温?

附：常见容量器皿允许误差见表3-1～表3-4。

表3-1　滴定管的允许误差（ml）

	5ml	10ml	25ml	50ml
一等	±0.01	±0.02	±0.03	±0.05
二等	±0.03	±0.04	±0.06	±0.10

表3-2　移液管的允许误差（ml）

	1ml	2ml	5ml	10ml	20ml	25ml	50ml
一等	±0.006	±0.006	±0.01	±0.02	±0.03	±0.04	±0.05
二等	±0.015	±0.015	±0.02	±0.04	±0.06	±0.10	±0.12

表3-3　刻度吸管的允许误差（ml）

	1ml	2ml	5ml	10ml	25ml
一等	±0.01	±0.01	±0.02	±0.03	±0.05
二等	±0.02	±0.02	±0.04	±0.06	±0.10

表3-4　容容量瓶的允许误差（ml）

	10ml	25ml	50ml	100ml	250ml	500ml	1000ml
一等	±0.02	±0.03	±0.05	±0.10	±0.10	±0.15	±0.30
二等	—	±0.06	±0.10	±0.20	±0.20	±0.30	±0.60

实验六　滴定分析法基本操作

一、目的要求

1. 巩固滴定分析器皿准确读数的方法。
2. 练习滴定分析法的基本操作及指示剂法的终点判断。

二、基本原理

本实验以酸碱滴定法、酸碱指示剂为练习体系，练习滴定分析法的基本操作及指示剂的终点判断。

酸碱指示剂（acid - base indicator）一般是有机弱酸或弱碱，其共轭酸式和共轭碱式的结构不同因而具有不同的颜色。指示剂的理论变色点决定于该指示剂的酸碱解离常数（K_{HIn}），即指示剂达到解离平衡时溶液的pH，理论变色范围则在平衡点的±1个pH单位，因此，在一定条件下，指示剂所呈颜色决定于溶液的pH。

在酸碱滴定过程中，随着溶液pH的变化，共轭酸式和共轭碱式将相互转化，从而引起溶液颜色的变化。在滴定反应中，计量点前后（$\Delta V=0.04$ml）pH会产生一突跃范围（滴定突跃范围），只要选择变色范围全部或部分处于滴定突跃范围内的指示剂即可用于指示终点，滴定误差均小于±0.1%，保证测定有足够的准确度。

三、仪器与试剂

1. 仪器　25ml酸（碱）式滴定管；20ml移液管；250ml锥形瓶等。

2. 试剂　NaOH（AR）；盐酸（AR）；甲基橙（指示剂）；溴甲酚绿（指示剂）；甲基红（指示剂）；酚酞（指示剂）；乙醇（AR）；蒸馏水。

四、实验步骤

（一）试剂的配制

1. 0.1mol/L NaOH溶液　取NaOH（AR）4.2g，加蒸馏水1000ml使溶解。

2. 0.1mol/L HCl溶液　量取浓盐酸9ml加入到蒸馏水1000ml中，摇匀。

3. 0.1%甲基橙指示液　取甲基橙指示剂0.1g，加蒸馏水100ml使溶解。

4. 0.2%溴甲酚绿指示液　取溴甲酚绿指示剂0.2g，加20%乙醇100ml使溶解。

5. 0.1%甲基红指示液 取甲基红指示剂0.1g，加60%乙醇100ml使溶解。

6. 0.2%酚酞指示液 取酚酞指示剂0.2g，加95%乙醇100ml使溶解。

（二）HCl滴定NaOH

方法一 将0.1mol/L NaOH溶液、0.1mol/L HCl溶液分别装满25ml碱式滴定管和25ml酸式滴定管，记录初始体积；以10ml/min的速度从碱管中放出16.0ml溶液（准确读数）于250ml锥形瓶中；加入2滴甲基红指示液，用0.1mol/L的HCl溶液滴定至溶液由黄变橙红，记下准确读数。续从碱管中放出2.0ml溶液（准确记录碱管读数）于此锥形瓶中，继用HCl溶液滴定至橙红色，记下准确读数。如此继续，至NaOH溶液24.0ml，每次均加入2.0ml碱溶液，得一系列HCl滴定体积（累积体积），计算滴定的体积比V_{HCl}/V_{NaOH}，计算相对偏差。要求五次结果的相对偏差不超过±0.2%。

方法二 用移液管量取0.1mol/L NaOH溶液20.00ml于锥形瓶，加2滴甲基红指示液，用0.1mol/L HCl溶液滴定至溶液由黄变红，记下准确读数。重复二次，所用HCl溶液的体积之差不得超过0.04ml，计算V_{HCl}/V_{NaOH}。

再分别以溴甲酚绿（由蓝色变为黄绿色）、甲基橙（由黄色变至橙色）指示液，练习用HCl滴定NaOH，计算滴定的体积比V_{HCl}/V_{NaOH}。

（三）NaOH滴定HCl

用移液管量取0.1mol/L HCl溶液20.00ml于锥形瓶，加1~2滴酚酞指示液，用0.1mol/L NaOH溶液滴定至淡粉红色（30s不褪色），记下准确读数。重复两次，所用NaOH溶液的体积之差不得超过0.04ml，计算V_{HCl}/V_{NaOH}。

比较使用各种指示剂滴定的体积比平均值，根据结果，进行讨论，分析原因。

五、数据记录及处理

（一）HCl滴定NaOH—1

指示剂：________

	V_{NaOH}(ml)		V_{HCl}(ml)		V_{HCl}/V_{NaOH}	平均值$\bar{V}$(ml)	偏差d(ml)	$\frac{d}{V}\times 100$(%)
	$V_{碱管}$	V_{NaOH}	$V_{酸管}$	V_{HCl}				
V_0		—		—	—		—	—
V_1								
V_2								
V_3								
V_4								
V_5								

（二）HCl滴定NaOH—2

指示剂：________

	1	2	
V_{NaOH}（ml）			
$V_{HCl始}$（ml）			
$V_{HCl终}$（ml）			
V_{HCl}（ml）			
$\bar{V}_{HCl}$（ml）			
$\bar{V}_{HCl}/V_{NaOH}$			

（三）NaOH 滴定 HCl

指示剂：________

	1	2
V_{HCl}（ml）		
$V_{NaOH始}$（ml）		
$V_{NaOH终}$（ml）		
V_{NaOH}（ml）		
$\overline{V}_{NaOH}$（ml）		
$V_{HCl}/\overline{V}_{NaOH}$		

六、注意事项

1. 滴定管、移液管的使用注意事项同本章实验五。

2. 注意加半滴溶液的操作：使溶液悬挂在尖嘴上，形成半滴，用锥形瓶内壁将其沾落，再用洗瓶以少量蒸馏水吹洗瓶壁。

3. 摇锥形瓶时，应使溶液向同一方向作圆周运动（左、右旋均可），勿使瓶口接触滴定管，溶液不得溅出。

4. 注意碱管的操作：左手无名指和小指夹住出口管，拇指和示指向侧面挤压玻璃珠所在部位稍上处的橡皮管，使溶液从空隙处流出。注意：①不能使玻璃珠上下移动；②不能捏玻璃珠下部的橡皮管。

5. 本实验内容根据课时可合理选择。

七、思考题

1. 滴定管和移液管在使用前如何处理？锥形瓶是否需要干燥？

2. 试问在移液管尖嘴内的最后剩余的溶液是否需要吹出？

3. 为什么体积比用累积体积而不用每次加入的 2.0ml 计算？

实验七　0.1mol/L NaOH 标准溶液配制与标定

一、目的要求

1. 掌握配制标准溶液和用基准物质标定标准溶液浓度的方法。

2. 掌握碱式滴定管滴定操作和滴定终点的判断。

二、基本原理

NaOH 易吸潮、吸 CO_2，不易提纯，标准溶液采用间接法配制，有普通配制法和不含 CO_3^{2-} 的饱和溶液配制法。标定 NaOH 标准溶液的基准物质常用的有邻苯二甲酸氢钾（$KHC_8H_4O_4$）或草酸（$H_2C_2O_4 \cdot 2H_2O$）。

本实验选用邻苯二甲酸氢钾（$M = 204.2g/mol$）标定，该物质易于提纯，在空气中稳定、不吸潮、易于保存、摩尔质量大。标定反应为：

$$C_6H_4(COOH)(COOK) + NaOH = C_6H_4(COONa)(COOK) + H_2O$$

由于反应产物是弱酸的共轭碱，计量点时溶液呈微碱性，可用酚酞作指示剂。计算公式：

$$c_{NaOH}=\frac{m_{KHC_8H_4O_4}\times 1000}{M_{KHC_8H_4O_4}\times V_{NaOH}}$$

三、仪器与试剂

1. 仪器 分析天平（精确度0.1mg）；称量瓶；25ml碱式滴定管；250ml锥形瓶。

2. 试剂 氢氧化钠（AR）；邻苯二甲酸氢钾（基准）；0.2%酚酞指示液（同本章实验六）。

四、实验步骤

（一）0.1mol/L NaOH标准溶液的配制

1. 普通法 称取NaOH（AR）4.2g于烧杯中，加新煮沸放冷的蒸馏水1000ml使溶解，待标定。

2. 饱和溶液法 称取NaOH（AR）120g于烧杯中，加蒸馏水100ml使成饱和溶液（约20mol/L），取上清液5ml，加新煮沸放冷的蒸馏水1000ml稀释，待标定。

（二）0.1mol/L NaOH标准溶液的标定

取105℃~110℃干燥至恒重的基准邻苯二甲酸氢钾约0.4g（±10%），精密称定，置250ml锥形瓶中，加入50ml新鲜蒸馏水，振摇使之完全溶解，加酚酞指示液2滴，用0.1mol/L NaOH溶液滴定使溶液由无色至粉红色（30s不褪），即为终点，记录滴定体积，计算NaOH标准溶液浓度。平行测定3次，要求相对平均偏差应小于0.2%。

五、数据记录和处理

次数	1	2	
称量瓶+样品（倾出前）（g）	22.4244	—	
称量瓶+样品（倾出后）（g）	22.0022	—	
样品质量（g）		0.4120	
V_{NaOH}（始）（ml）	0.15	0.10	
V_{NaOH}（终）（ml）	20.35	19.16	
V_{NaOH}（ml）			
c_{NaOH}（mol/L）			
$\bar{c}_{NaOH}$（mol/L）			
相对平均偏差（%）			

注：若采用电子分析天平称样，则不必记录倾出前、后的质量，记录表格删除该两行。

六、注意事项

1. 基准物应完全溶解后滴定，溶解时用摇动锥形瓶或超声助溶的方法，不可用玻棒搅。
2. 滴定管操作注意事项同本章实验五和实验六。

七、思考题

1. 用台秤称取固体 NaOH 配制出的标准溶液浓度是否准确？能否用称量纸称取固体 NaOH？为什么？

2. 本实验中需用哪些仪器或器皿？哪些数据需精确测定？

3. 试问用邻苯二甲酸氢钾标定 NaOH 标准溶液时，为什么用酚酞而不用甲基橙作指示剂？

4. 试问若使用未经干燥至恒重的邻苯二甲酸氢钾标定 NaOH 标准溶液，对结果有何影响？

5. 试问本实验的标准溶液 1ml 相当于草酸（$H_2C_2O_4 \cdot 2H_2O$）或枸橼酸（$C_6H_8O_7 \cdot H_2O$）的克数为多少？

实验八　水溶液中多元酸含量测定

一、目的要求

1. 掌握酸碱滴定法测定水溶液中多元酸含量的原理及方法。

2. 巩固碱式滴定管的操作。

二、基本原理

在水溶液中，若酸的 $K_ac \geqslant 10^{-8}$，则该酸可用碱标准溶液直接滴定。多元酸在水溶液中分步离解，当满足 $K_{ai}c \geqslant 10^{-8}$ 及 $K_{ai}/K_{ai+1} \geqslant 10^4$ 能被分步滴定，反之不能分步。（以下内容二选一）

（1）草酸（$H_2C_2O_4 \cdot 2H_2O$，$M = 126.07$g/mol）是二元酸，易溶于水，在水中可解离出 H^+，其电离常数为 $K_{a1} = 5.9 \times 10^{-2}$，$K_{a2} = 6.4 \times 10^{-5}$，因此可用标准碱溶液直接滴定，但只出现一个滴定突跃，计量点时产物为共轭碱，突跃在碱性区域，可用酚酞作指示剂。反应为：

$$H_2C_2O_4 + 2NaOH = Na_2C_2O_4 + 2H_2O$$

（2）枸橼酸（$C_6H_8O_7 \cdot H_2O$，$M = 210.1$g/mol）是三元酸，易溶于水，在水中可解离出 H^+，其电离常数为 $K_{a1} = 7.4 \times 10^{-4}$，$K_{a2} = 1.7 \times 10^{-5}$，$K_{a3} = 4.0 \times 10^{-7}$，因此可用碱标准溶液直接滴定，有一个滴定突跃，计量点时产物为共轭碱，突跃在碱性区域，可用酚酞作指示剂。反应为：

$$C_6H_5O_7H_3 + 3NaOH = C_6H_5O_7Na_3 + 3H_2O$$

计算公式：$\omega_A = \frac{1}{a} \times \frac{c_{NaOH}V_{NaOH}M_A}{m_s \times 1000} \times 100\%$

式中，A 为 $H_2C_2O_4 \cdot 2H_2O$，$a = 2$；或 $C_6H_8O_7 \cdot H_2O$，$a = 3$。

三、仪器与试剂

1. 仪器　分析天平（0.1mg）；25ml 碱式滴定管；250ml 锥形瓶；称量瓶。

2. 试剂　0.1mol/L NaOH 标准溶液（同本章实验七）；0.2% 酚酞指示液（同本章实验六）。

3. 样品　草酸或枸橼酸。

四、实验步骤

取样品约 0.14g，精密称定，置 250ml 锥形瓶中，加水 50ml 使完全溶解，加酚酞指示剂 1～2 滴，用0.1mol/L NaOH 标准溶液滴定至溶液呈淡粉红色，30s 不褪即为终点。根据 NaOH 标准溶液的浓度和消耗的体积，计算试样中酸的含量。平行测定三次，要求相对平均偏差应小于0.2%。

五、数据记录及处理

c_{NaOH} = 0.1060mol/L

	1	2	
样品 m_s（g）	0.1348		
V_{NaOH}（始）（ml）	0.04		
V_{NaOH}（终）（ml）	19.65		
V_{NaOH}（ml）			
含量 ω_A（%）			
平均含量$\bar{\omega}_A$（%）			
相对平均偏差（%）			

六、注意事项

1. 多元弱酸滴定，近终点时需不停地摇动。

2. 终点判断的经验：当加入1滴 NaOH 标准溶液后，溶液由无色→红色（较深），经摇 30s 褪去，再加半滴，即至终点。当加入1滴 NaOH 标准溶液后，溶液由无色→红色（浅红），经摇 30s 褪去，再加1滴，即至终点。

七、思考题

1. 为什么草酸或枸橼酸可用 NaOH 直接滴定？

2. 操作步骤中，样品重约0.14g，是怎样求得的？现一份样品质量达0.1694g，是否需要重称？

3. 试计算0.1mol/L NaOH 相对于草酸（$H_2C_2O_4 \cdot 2H_2O$）[或枸橼酸（$C_6H_8O_7 \cdot H_2O$）] 的滴定度，并采用滴定度计算测定结果。

实验九　0.1mol/L HCl 标准溶液配制与标定

一、目的要求

1. 掌握酸标准溶液的配制及浓度标定的方法。

2. 掌握酸式滴定管滴定操作和滴定终点的判断。

3. 练习定量转移基本操作。

二、基本原理

市售盐酸为无色 HCl 水溶液，HCl 含量为36% ~38%，相对密度约为1.19，易挥发，需采用间接法配制标准溶液。

（1）标定法　标定 HCl 标准溶液的基准物有无水碳酸钠（Na_2CO_3）或硼砂（$Na_2B_4O_7 \cdot 10H_2O$）；本实验选用无水碳酸钠，用甲基红－溴甲酚绿混合指示剂指示终点，终点颜色由绿色转变为暗紫色，标定反应为：

$$2HCl + Na_2CO_3 \longrightarrow 2\,NaCl + H_2O + CO_2\uparrow$$

计算公式为：$c_{HCl} = \dfrac{m_{Na_2CO_3} \times 2000}{M_{Na_2CO_3} \times V_{HCl}}$　（$M_{Na_2CO_3} = 105.99g/mol$）

（2）比较法　用已知准确浓度的氢氧化钠标准溶液比较，用甲基橙指示剂，终点颜色由黄色变为橙色。反应式为：

$$HCl + NaOH \longrightarrow NaCl + H_2O$$

计算公式：$c_{HCl} = \dfrac{c_{NaOH} \times V_{NaOH}}{V_{HCl}}$

三、仪器与试剂

1. 仪器　分析天平（0.1mg），称量瓶；25ml 酸式滴定管，100ml 容量瓶，20ml 移液管，烧杯，250ml 锥形瓶。

2. 试剂　无水碳酸钠（基准），盐酸（AR），甲基红－溴甲酚绿混合指示液，溴甲酚绿（指示剂），0.1% 甲基橙指示液（同本章实验六），乙醇（AR），蒸馏水，0.1mol/L NaOH 标准溶液（同本章实验七）。

四、实验步骤

（一）甲基红－溴甲酚绿混合指示液的配制

取 0.1% 甲基红乙醇溶液 20ml 与 0.2% 溴甲酚绿乙醇溶液 30ml，混匀，即得。

（二）0.1mol/L HCl 溶液的配制

量取浓盐酸 9ml，加入到 1000ml 蒸馏水中，摇匀，即得。

（三）0.1mol/L HCl 溶液标定

1. 标定法　取 270℃～300℃ 干燥至恒重的无水碳酸钠约 0.5g（±10%），精密称定，置小烧杯中，加适量蒸馏水使溶解，全部转移至 100ml 容量瓶中，用蒸馏水定容，摇匀后，精密量取 20ml 于 250ml 锥形瓶中，加蒸馏水 25ml，加甲基红－溴甲酚绿混合指示液 10 滴。用 0.1mol/L HCl 溶液滴定至溶液由绿色转变为紫红色时，煮沸 2min，冷却至室温，继续滴定由绿色变为暗紫色，即为滴定终点，记录滴定体积，计算 HCl 标准溶液的浓度。平行测定三份，要求相对平均偏差应小于 0.2%。

2. 比较法　精密量取已知准确浓度的 NaOH 标准溶液 20ml，置于 250ml 锥形瓶中，加入 0.1% 甲基橙指示液 1 滴，用 0.1mol/L HCl 标准溶液滴定至溶液由黄色转变为橙色，即为终点，记录滴定体积，计算 HCl 标准溶液的浓度。平行测定三次，要求相对平均偏差应小于 0.2%。

五、数据记录和处理

参照本章实验七。

六、注意事项

1. 碳酸钠易吸水，称量速度要快。

2. 溶液中 CO_2 过多，酸度增大，会使终点出现过早，在滴定快到终点时应剧烈摇动溶液以加快 H_2CO_3 的分解及加热除去过量的 CO_2，冷却后再滴定。

3. 注意正确使用酸式滴定管，近终点时放液 1 滴、半滴的操作。

4. 计算时注意碳酸钠标定时只取了称样量的五分之一。

七、思考题

1. 称量基准 Na_2CO_3 时，若吸收了水分，对标定结果有何影响？

2. 滴定管未用 HCl 溶液润洗，将对标定结果有何影响？

3. 本实验是否可选用酚酞指示剂？说明原因。

4. 试计算 0.1mol/L HCl 溶液对于无水碳酸钠（Na_2CO_3）或硼砂（$Na_2B_4O_7 \cdot 10H_2O$）的滴定度。

实验十　水溶液中碱含量测定

一、目的要求

1. 掌握酸碱滴定法准确测定水溶液中碱含量的原理及方法。

2. 掌握双指示剂法应用的原理与方法。

3. 巩固酸式滴定管滴定操作和滴定终点的判断。

4. 巩固定量转移操作。

二、基本原理

在水溶液中，若碱的 $K_b c \geqslant 10^{-8}$，则该碱可用酸标准溶液直接滴定。多元碱在水溶液中分步离解，当满足 $K_{bi} c \geqslant 10^{-8}$ 及 $K_{bi}/K_{bi+1} \geqslant 10^4$ 能被分步滴定，反之不能分步。（以下内容二选一）

1. 药用硼砂　为天然矿物硼砂的矿石，经提炼、精制而成的结晶体。在医学上具有清热解毒、杀菌防腐的功效。其主要化学成分为带 10 分子结晶水的四硼酸钠盐（$Na_2B_4O_7 \cdot 10H_2O$，M = 381.37g/mol），可用 HCl 标准溶液直接滴定。滴定反应式：

$$Na_2B_4O_7 + 2HCl + 5H_2O = 4H_3BO_3 + 2NaCl$$

滴定至终点时为 H_3BO_3 的水溶液，pH 约为 5.1，故可用甲基红作指示剂（pH 变色范围 4.4 ~ 6.2）。终点颜色变化由黄色转变为橙红色。计算公式为：

$$\omega_A = \frac{c_{HCl} \times V_{HCl} \times M_A}{m_s \times 2000} \times 100\% \quad \text{（式中 A 为 } Na_2B_4O_7 \cdot 10H_2O\text{）}$$

2. 药用 NaOH 的含量测定（双指示剂法）　药用 NaOH（M = 40.0g/mol）试样中含有 Na_2CO_3（M = 106.0g/mol）为二元碱，有两个计量点，可选择合适的指示剂，在一份溶液中用标准酸连续分别滴定。

第一个化学计量点时，NaOH 完全反应，Na_2CO_3 反应生成为 $NaHCO_3$，可选用酚酞作指示剂，终点时溶液由红色变为无色，滴定所消耗 HCl 标准溶液体积记录为 V_1。反应为：

$$NaOH + HCl = NaCl + H_2O \quad pH = 7.0$$

$$Na_2CO_3 + HCl = NaHCO_3 + NaCl \quad pH = 8.3$$

第二个化学计量点时，$NaHCO_3$ 反应完全，可选用甲基橙为指示剂，终点由黄色变为橙色，滴定所消耗 HCl 标准溶液体积记录为 V_2。反应为：

$$NaHCO_3 + HCl \xlongequal{} NaCl + CO_2 \uparrow + H_2O \quad pH = 3.9$$

计算公式：

$$\omega_{NaOH} = \frac{c_{HCl}\ (V_1 - V_2)_{HCl} M_{NaOH}}{m_s \times 1000} \times 100\%$$

$$\omega_{Na_2CO_3} = \frac{c_{HCl}\ (V_2)_{HCl} M_{Na_2CO_3}}{m_s \times 1000} \times 100\%$$

三、仪器与试剂

1. 仪器　分析天平（0.1mg），称量瓶，25ml 酸式滴定管，250ml 锥形瓶，100ml 容量瓶，20ml 移液管，小烧杯。

2. 试剂　0.1mol/L HCl 标准溶液（同本章实验九）。0.1% 甲基红指示液；0.2% 酚酞指示液；0.1% 甲基橙指示液（均同本章实验六）。

3. 样品　药用硼砂或药用氢氧化钠。

四、实验步骤

（一）药用硼砂含量测定

取药用硼砂约 0.5g（±10%），精密称定，置于 250ml 锥形瓶中，加蒸馏水 50ml 使其溶解，加甲基红指示液 2 滴。用 0.1mol/L HCl 标准溶液滴定至溶液由黄色转变为橙红色，即为终点，记录滴定体积，计算药用硼砂的含量。平行测定三次，要求相对平均偏差应小于 0.2%。

（二）药用 NaOH 各组分含量测定

取碱样约 0.5g（±10%），精密称定，置小烧杯中，加适量蒸馏水使溶解，全部转移至 100ml 容量瓶中，用蒸馏水定容，摇匀后，精密量取 20ml 于 250ml 锥形瓶中，加蒸馏水 25ml 稀释，加 0.2% 酚酞指示液 2 滴，用 0.1mol/L HCl 标准溶液滴定至溶液红色恰好褪去，记录滴定体积 V_1；随后向滴定溶液加入 0.1% 甲基橙指示液 2 滴，用 0.1mol/L HCl 标准溶液滴定至溶液由黄色转变为橙色，煮沸 2min，冷却至室温，继续滴定由黄色转变为橙色，即为滴定终点，记录滴定体积 V_2，由 V_1、V_2 计算各组分含量。平行测定三次。

五、数据记录和处理

参见本章实验八。

六、注意事项

1. 称取的硼砂量大，不易溶解，可加热助溶，待冷却后再进行滴定。滴定终点的颜色应为橙红色，如果偏红，表明滴定过量，会造成结果偏差。

2. 注意双指示剂法中试样碱量计算时滴定量是称样量的五分之一。

七、思考题

1. 实验（1）是否能用甲基橙或酚酞作指示剂，为什么？长期保存在干燥器中的药用硼砂，其测定结果偏高还是偏低，为什么？

2. 双指示剂法测定混合碱时到达第一计量点前由于滴定速度太快，摇动不均匀致使滴入 HCl 局部过浓，使 $NaHCO_3$ 迅速转变为 H_2CO_3 分解为 CO_2 而损失。这种情况对分析结果有何影响？如何计算总碱量（以 NaOH 计）？如何根据滴定体积 V_1 与 V_2 判断样品组成？

实验十一　0.1mol/L $HClO_4$ 标准溶液配制与标定

一、目的要求

1. 掌握高氯酸标准溶液的配制与标定方法。
2. 熟悉非水溶液酸碱滴定的原理、特点和操作条件。

二、基本原理

在非水酸碱滴定中，冰醋酸是滴定弱碱常用溶剂，高氯酸是常用标准溶液。邻苯二甲酸氢钾在冰醋酸中显碱性，可作为标定高氯酸标准溶液的基准物，采用结晶紫为指示剂，用滴定终点由紫色变为蓝色。标定反应为：

$$C_6H_4(COOH)(COOK) + HClO_4 = C_6H_4(COOH)_2 + KClO_4$$

由于冰醋酸的膨胀系数较大，高氯酸标准溶液的浓度随温度的变化而改变，若测定与标定时温度超过10℃，应重新标定。若未超过10℃，可将高氯酸浓度加以校准，校正计算为：

$$c_1 = \frac{c_0}{1 + 0.0011\ (t_1 - t_0)}$$

标定时同时做空白试验，高氯酸浓度计算公式为：

$$c_{HClO_4} = \frac{m_{KHC_2H_4O_4} \times 1000}{M_{KHC_2H_4O_4} \times\ (V_{HClO_4} - V_{空})} \qquad (M_{KHC_8H_4O_4} = 204.2\text{g/mol})$$

三、仪器与试剂

1. 仪器　分析天平（0.1mg），称量瓶，25ml 酸式滴定管，150ml 具塞锥形瓶。

2. 试剂　邻苯二甲酸氢钾（基准），高氯酸（AR，70%～72%），冰醋酸（AR），醋酐（AR），0.5%结晶紫指示液。

四、实验步骤

（一）试剂的配制

1. 0.5%结晶紫指示液　取0.5g 结晶紫加100ml 无水冰醋酸溶解。

2. 无水冰醋酸　取一级冰醋酸（99.8%、相对密度1.050）500ml 加醋酐6ml，或取二级冰醋酸（99%，相对密度1.053）500ml 加醋酐28ml，振摇。

（二）0.1mol/L $HClO_4$ -HAc 标准溶液的配制

取高氯酸约8.5ml，缓缓加入无水冰醋酸750ml，混合均匀，缓缓滴加醋酐23ml，边加边摇，加完后再振摇均匀，冷至室温，加适量无水冰醋酸使成1000ml，摇匀，于棕色瓶放置24h 后标定浓度。

（三）0.1mol/L $HClO_4$ – HAc 标准溶液的标定

取在105℃干燥至恒重的邻苯二甲酸氢钾约0.16g，精密称定，置干燥锥形瓶中，加冰醋酸20ml使溶解，加结晶紫指示液1滴，用待标液缓缓滴定至由紫色变为蓝色，即为终点，另取冰醋酸20ml，按上述操作进行空白试验校正。记录滴定体积，计算标准溶液浓度。平行测定三次，要求相对平均偏差应小于0.3%。

五、数据记录及处理

参见本章实验七。

六、注意事项

1. 配制高氯酸标准溶液时，不能将醋酐直接加入高氯酸中，应先用冰醋酸将高氯酸稀释后再缓缓加入醋酐。
2. 配制好的标准溶液应贮存在棕色瓶中密闭保存。
3. 终点颜色变化为紫色→蓝紫色→纯蓝色，应注意观察。
4. 高氯酸、醋酐、冰醋酸均能腐蚀皮肤、刺激黏膜，注意防护。

七、思考题

1. 为什么邻苯二甲酸氢钾既可标定碱又可标定酸？
2. 为什么在标定和滴定时要作空白试验？
3. 在非水酸碱滴定中，若容器、试剂含有微量水分，对测定结果有什么影响？

实验十二　非水酸碱滴定法测定弱碱含量

一、目的要求

1. 掌握用非水酸碱滴定法测定弱碱含量的原理和方法。
2. 掌握结晶紫指示剂的滴定终点。

二、基本原理

在水溶液中不能被正确滴定的弱碱，由于酸性非水溶剂可使弱碱的碱性增强，因此，可以在非水溶剂中用酸滴定液，测定含量。（以下内容二选一）

（1）醋酸钠（$C_2H_3NaO_2 \cdot 3H_2O$，$M = 136.08g/mol$）是药用辅料、pH调节剂和缓冲溶液等，碱性较弱，不能在水溶液中用酸直接准确滴定。

（2）枸橼酸钠（$C_6H_5Na_3O_7 \cdot 2H_2O$，$M = 294.1g/mol$）是抗凝血药，因枸橼酸的酸性较强，其共轭碱碱性较弱，不能在水溶液中用酸直接准确滴定。

采用在非水介质醋酸中，提高其表面碱度，用高氯酸滴定液直接滴定。反应为：

$$C_2H_3O_2Na + HClO_4 = C_2H_3O_2H + NaClO_4$$

$$或\ C_6H_5O_7Na_3 + 3HClO_4 = C_6H_5O_7H_3 + 3NaClO_4$$

计算公式：$\omega = \frac{1}{a} \times \frac{N_{HClO_4} \times (V - V_0)_{HClO_4} \times M_A}{m_s \times 1000} \times 100\%$

（$C_2H_3NaO_2 \cdot 3H_2O$：$a=1$；$C_6H_5Na_3O_7 \cdot 2H_2O$：$a=3$）

三、仪器及试剂

1. 仪器 分析天平（0.1mg），称量瓶，25ml 酸式滴定管，150ml 具塞锥形瓶。

2. 试剂 冰醋酸（AR），醋酐（AR），0.1mol/L 高氯酸标准溶液（同本章实验十一），0.5% 结晶紫指示液（同本章实验十一）。

3. 样品 醋酸钠或枸橼酸钠。

四、实验步骤

（一）醋酸钠含量测定

取经120℃干燥至恒重的醋酸钠约60mg，精密称定，加冰醋酸25ml 溶解后，加结晶紫指示液2 滴，用高氯酸滴定液（0.1mol/L）滴定至溶液显蓝色，并将滴定结果用空白试验校正。每1ml 高氯酸滴定液（0.1mol/L）相当于8.203mg 的 $C_2H_3NaO_2$。

（二）枸橼酸钠含量测定

取枸橼酸钠约80mg，精密称定，加冰醋酸5ml，加热溶解后，放冷，加醋酐10ml 与结晶紫指示液1 滴，用高氯酸滴定液（0.1mol/L）滴定至溶液为蓝绿色，并将滴定结果用空白试验校正。每1ml 高氯酸滴定液（0.1mol/L）相当于8.602mg 的 $C_6H_5Na_3O_7$。平行测定三次，要求相对平均偏差应小于0.3%。

五、数据记录与处理

参见本章实验八。

六、注意事项

1. 所用的玻璃仪器滴定管、锥形瓶等均要绝对干燥。

2. 滴定过程中，结晶紫的颜色变化过程为：紫色（碱式色）→蓝紫→蓝→蓝绿→黄绿→黄色（酸式色），须注意颜色的观察。

3. 非水滴定法必须做空白试验进行校正。

4. 注意温度对高氯酸标准溶液浓度的影响，在温度变化较大时，应对浓度进行校正。

七、思考题

1. 试问实验中加入醋酐的目的是什么？原理是什么？

2. 样品中的结晶水是否将消耗标准溶液？为什么？

3. 不同强度的有机酸或有机碱，在非水滴定中应如何选择溶剂？

4. 每1ml 高氯酸滴定液（0.1mol/L）相当于8.203mg 的 $C_2H_3NaO_2$ 或相当于8.602mg 的 $C_6H_5Na_3O_7$，是如何得到的？

实验十三　银量法的标准溶液配制与标定

一、目的要求

1. 掌握 $AgNO_3$ 标准溶液、NH_4SCN 标准溶液的配制与标定方法。

2. 熟悉银量法指示剂种类、变色原理和滴定终点的判断。

二、基本原理

（一）$AgNO_3$ 标准溶液

可以用基准试剂 $AgNO_3$ 直接法配制，但一般采用间接法配制，用基准物 NaCl（M = 58.44g/mol），采用铬酸钾指示剂法（Mohr 法）或吸附指示剂法（Fajans 法）标定，或采用铁铵矾指示剂法（Volhard 法）与已知准确浓度的 NH_4SCN 标准溶液比较。

1. Mohr 法　选用基准物 NaCl，K_2CrO_4 为指示剂，在中性或弱碱性溶液中用硝酸银待标液滴定。因为 $S_{AgCl} < S_{Ag_2CrO_4}$，根据分步沉淀原理，先生成 AgCl 沉淀，当达到计量点时，稍过量的 Ag^+ 与 CrO_4^{2-} 生成砖红色 Ag_2CrO_4 沉淀，终点时白色沉淀中产生砖红色沉淀。滴定反应为：

终点前：$Ag^+ + Cl^- \rightleftharpoons AgCl\downarrow$（白色）

终点时：$2Ag^+ + CrO_4^{2-} \rightleftharpoons Ag_2CrO_4\downarrow$（砖红色）

2. Fajans 法　选用基准物 NaCl，以荧光黄（HFIn）作指示剂，用 $AgNO_3$ 待标液滴定，终点时浑浊液由黄绿色变为微红色。加入糊精增大表面积，保护胶体，防止沉淀聚沉，反应条件 pH = 7 ~ 10。反应为：

指示剂离解：$HIn \rightleftharpoons H^+ + In^-$（黄绿色）

终点前：$(AgCl\downarrow)\ Cl^- \mid M^+$

终点时：$(AgCl\downarrow)\ Ag^+ + In^-$（黄绿色）$\rightleftharpoons (AgCl\downarrow)\ Ag^+ \mid In^-$（微红色）

计算公式：$c_{AgNO_3} = \dfrac{m_{NaCl} \times 1000}{M_{NaCl} V_{AgNO_3}}$　（M_{NaCl} = 58.44g/mol）

（二）NH_4SCN 标准溶液

选用比较法标定 NH_4SCN 标准溶液的浓度，采用铁铵矾作指示剂，在酸性溶液中，用 NH_4SCN 待标液滴定浓度已知的 $AgNO_3$ 标准溶液，滴定终点为淡红棕色（Volhard 法）。反应为：

终点前：$Ag^+ + SCN^- \rightleftharpoons AgSCN\downarrow$（白色）

终点时：$Fe^{3+} + SCN^- \rightleftharpoons Fe(SCN)^{2+}$（红色）

计算公式：$c_{NH_4SCN} = \dfrac{(cV)_{AgNO_3}}{V_{NH_4SCN}}$

三、仪器与试剂

1. 仪器　分析天平（0.1mg），称量瓶，25ml 酸式滴定管，250ml 锥形瓶，20ml 移液管等。

2. 试剂　$AgNO_3$（AR），碳酸钙（AR），NaCl（基准），NH_4SCN（AR），5% K_2CrO_4 指示液，0.1% 荧光黄指示液，2% 糊精溶液，40% 铁铵矾指示液，6mol/L HNO_3 溶液。

四、实验步骤

（一）试剂的配制

1. 5% K_2CrO_4 指示液 取铬酸钾5g加蒸馏水100ml使溶解，即得。

2. 0.1%荧光黄指示液 取荧光黄指示剂0.1g加乙醇100ml使溶解，即得。

3. 2%糊精溶液 取可溶性淀粉2g，加水10ml搅匀，缓缓倒入100ml沸水，随加随搅，续沸2min，放冷，即得（不可久置）。

4. 40%铁铵矾指示液 取40g $NH_4Fe(SO_4)_2 \cdot 12H_2O$，用1mol/L HNO_3 100ml溶解。

5. 6mol/L HNO_3 溶液 量取40ml浓 HNO_3（AR）于适量水中至100ml，混匀，即得。

（二）$AgNO_3$ 标准溶液

1. $AgNO_3$ 标准溶液（0.1mol/L）配制 称取 $AgNO_3$ 17.5g置烧杯中，用无 Cl^- 的蒸馏水1000ml分批溶解，转入棕色试剂瓶中，摇匀，密塞贮存。

2. 0.1mol/L $AgNO_3$ 标准溶液的标定

（1）Mohr法 取在270℃干燥至恒重的基准物质NaCl约0.12g，精密称定，置250ml锥形瓶中，加蒸馏水50ml使溶解后，加 K_2CrO_4 指示剂10滴，在不断振摇下，用0.1mol/L $AgNO_3$ 待标液滴定至浑浊液由白色转变为淡红色，即为终点。记录滴定体积，计算 $AgNO_3$ 标准溶液的浓度。

（2）Fajans法 取在270℃干燥至恒重的基准物质NaCl约0.12g，精密称定，置250ml锥形瓶中，加蒸馏水50ml使溶解后，再加糊精溶液5ml，碳酸钙0.1g，荧光黄指示液8滴，用0.1mol/L $AgNO_3$ 待标液滴定至浑浊液由黄绿色转变为微红色，即为终点。记录滴定体积，计算 $AgNO_3$ 标准溶液的浓度。

（三）NH_4SCN 标准溶液

1. NH_4SCN 标准溶液（0.1mol/L）配制 称取 NH_4SCN 8g置烧杯中，加适量蒸馏水溶解，然后转入试剂瓶中，加蒸馏水稀释至1000ml，摇匀。

2. 0.1mol/L NH_4SCN 标准溶液的标定 量取0.1mol/L $AgNO_3$ 标准溶液20.00ml置250ml锥形瓶中，加蒸馏水20ml，6mol/L HNO_3 溶液5ml与铁铵矾指示剂2ml，用0.1mol/L NH_4SCN 待标液滴定，当滴定至溶液呈现微红棕色时，强烈振摇后仍不褪色，即为终点。记录滴定体积，计算 NH_4SCN 标准溶液的浓度。

平行测定三次，要求相对平均偏差应小于0.2%。

五、数据记录与处理

参见本章实验七。

六、注意事项

1. $AgNO_3$ 标准溶液应装入棕色酸式滴定管中，以免 $AgNO_3$ 见光分解。

2. 加入 HNO_3 是为阻止 Fe^{3+} 水解，所用 HNO_3 应不含有氮的低价氧化物，因为它能与 SCN^- 或 Fe^{3+} 反应生成红色物质［如NOSCN、$Fe(NO)^{3+}$］影响终点判断。

3. 本实验内容可任选一完成。

七、思考题

1. 按指示终点的方法不同，$AgNO_3$ 标准溶液标定有几种方法？条件分别是什么？

2. 配制 $AgNO_3$ 标准溶液为什么用不含 Cl^- 的蒸馏水？如何检查有无 Cl^-？

3. 铁铵矾法中，能否用 $Fe(NO_3)_3$ 或 $FeCl_3$ 作指示剂？

实验十四　溴化钾含量测定

一、目的要求

1. 巩固沉淀滴定法——银量法的原理及终点判断方法。

2. 熟悉银量法的应用。

二、基本原理

KBr（$M=119.0$g/mol）是一种镇静剂，其含量测定可采用沉淀滴定法——银量法。可用 Mohr 法或 Fajans 法，以硝酸银为滴定剂，直接滴定法测定含量。

1. Mohr 法　以 K_2CrO_4 为指示剂，在中性或弱碱性溶液中测定 KBr 含量。因为 $S_{AgBr}<S_{Ag_2CrO_4}$，根据分步沉淀原理，先生成 AgBr 沉淀，当达到计量点时，稍过量的 Ag^+ 与 CrO_4^{2-} 生成砖红色 Ag_2CrO_4 沉淀。反应为：

终点前　$Ag^+ + Br^- \rightleftharpoons AgBr\downarrow$（淡黄色）

终点时　$2Ag^+ + CrO_4^{2-} \rightleftharpoons Ag_2CrO_4\downarrow$（砖红色）

2. Fajans 法　以吸附剂曙红作指示剂，终点前呈红色溶液，终点后呈桃红色凝乳状沉淀。反应为：

指示剂离解　$NaIn \rightarrow Na^+ + In^-$（红色）

终点前　$(AgBr\downarrow)\ Br^- \mid M^+$

终点时　$(AgBr\downarrow)\ Ag^+ + In^-$（红色）$\rightleftharpoons (AgBr\downarrow)\ Ag^+ \mid In^-$（桃红色）

计算公式：$\omega_{KBr}=\dfrac{(cV)_{AgNO_3}M_{KBr}}{m_s\times 1000}\times 100\%$

三、仪器与试剂

1. 仪器　分析天平（0.1mg）；25ml 酸式滴定管；250ml 锥形瓶。

2. 试剂　$AgNO_3$（AR），K_2CrO_4（AR），曙红钠（指示剂），可溶性淀粉（AR），冰醋酸（AR），蒸馏水，0.1mol/L $AgNO_3$ 标准溶液（同本章实验十三）。

3. 样品　KBr 试样。

四、实验步骤

（一）试剂的配制

1. 5% K_2CrO_4 指示液　取铬酸钾 5g 加蒸馏水 100ml 使溶解，即得。

2. 0.5%曙红钠指示液　取曙红钠 0.5g，加水 100ml 使溶解，即得。

3. 2%糊精溶液　取可溶性淀粉 2g，加水 10ml 搅均，缓缓倒入 100ml 沸水，随加随搅，续沸 2min，放冷，即得（不可久置）。

4. 稀醋酸　取冰醋酸 6ml 加水稀释至 100ml，即得。

（二）Mohr 法

取 KBr 试样约 0.25g，精密称定，置 250ml 锥形瓶中，加蒸馏水 50ml 使溶解，加 K_2CrO_4 指示液 10 滴，在不断振摇下，用 0.1mol/L $AgNO_3$ 标准溶液滴定至浑浊液由淡黄色转变为微橙色，即为终点。记录滴定体积，计算 KBr 百分含量。

（三）Fajans 法

取 KBr 试样约 0.25g，精密称定，置 250ml 锥形瓶中，加蒸馏水 50ml 使溶解，加糊精溶液 5ml，再加入稀 HAc 10ml 及曙红钠指示液 5 滴，用 0.1mol/L $AgNO_3$ 标准溶液滴定，不断振摇至出现桃红色凝乳状沉淀，即为终点。记录滴定体积，计算 KBr 百分含量。

平行测定三次，要求相对平均偏差应小于 0.2%。

五、数据记录与处理

参见本章实验八。

六、注意事项

1. 因为 AgBr 沉淀易吸附 Br^-，使溶液中 Br^- 浓度降低，终点提前出现，所以在滴定过程中应充分振摇，使被吸附的 Br^- 释放出来。

2. 该实验一般应作空白实验，即用 50ml 蒸馏水加 10 滴 K_2CrO_4 指示剂，用 $AgNO_3$ 标准溶液滴定至橙红色终点，记下校准值 $AgNO_3$ 的毫升数，此值应在 0.05ml 以内。由上面所需 $AgNO_3$ 毫升数减去校正值，即为用于滴定 AgBr 时真正所消耗 $AgNO_3$ 的量。

七、思考题

1. 按指示终点的方法不同，溴化钾含量测定有几种方法？条件是什么？

2. 试计算 0.1mol/L $AgNO_3$ 溶液 1ml 相当于 KBr 的克数，试用滴定度计算该样品含量。

实验十五　0.01mol/L EDTA 标准溶液配制与标定

一、目的要求

1. 掌握 EDTA 标准溶液的配制和标定方法。
2. 学会铬黑 T 或二甲酚橙指示剂的终点判断。
3. 熟悉金属指示剂的变色原理及注意事项；了解配位滴定的特点。

二、基本原理

EDTA 标准溶液也称为乙二胺四醋酸二钠滴定液，常用乙二胺四醋酸二钠盐（$C_{10}H_{14}N_2Na_2O_8 \cdot 2H_2O$，$M = 372.24g/mol$）配制。乙二胺四醋酸二钠是白色结晶粉末，因不易得纯品，标准溶液用间接法配制。标定 EDTA 溶液的基准物有 Zn、ZnO、$CaCO_3$、Bi、Cu、$MgSO_4 \cdot 7H_2O$、Hg、Ni、Pb 等，常用 Zn、ZnO、$CaCO_3$。本实验选用基准物 ZnO（$M = 81.38g/mol$）标定。（以下内容二选一）

（一）铬黑 T 指示剂法

在 pH = 10 的条件下，用铬黑 T 作指示剂，溶液由紫红色变为纯蓝色，即为终点。

滴定前　$Zn^{2+} + HIn^{2-}$（纯蓝色）$\rightleftharpoons ZnIn^{-}$（紫红色）$+ H^{+}$

滴定反应　$Zn^{2+} + H_2Y^{2-} \rightleftharpoons ZnY^{2-} + 2H^{+}$

终点时　$ZnIn^{-}$（紫红色）$+ H_2Y^{2-} \rightleftharpoons ZnY^{2-} + HIn^{2-}$（纯蓝色）$+ H^{+}$

（二）二甲酚橙（XO）指示法

在 pH5～6 的溶液中，用二甲酚橙（XO）作指示剂，溶液由紫红色变为黄色，即为终点。

滴定前　Zn + XO（黄色）$\rightleftharpoons$ Zn – XO（紫红色）

滴定反应　Zn + Y $\rightleftharpoons$ ZnY（无色）

终点时　Zn – XO（紫红色）+ Y $\rightleftharpoons$ ZnY + XO（黄色）

计算公式：$c_{EDTA} = \dfrac{m_{ZnO} \times 1000}{V_{EDTA} \times M_{ZnO}}$

三、仪器与试剂

1. 仪器　分析天平（0.1mg）；称量瓶；25ml 酸式滴定管；100ml 容量瓶；10ml 移液管；250ml 锥形瓶等。

2. 试剂　ZnO（基准），乙二胺四醋酸二钠（AR），4mol/L HCl 溶液，氨试液等。

四、实验步骤

（一）试剂的配制

1. 0.5%铬黑 T 指示液　取铬黑 T 指示剂 0.2g 溶于 15ml 三乙醇胺，待完全溶解后，加 5ml 无水乙醇，即得（此溶液可保存数月）。

2. $NH_3 \cdot H_2O - NH_4Cl$ 缓冲液溶液（pH＝10）　取氯化铵 20g 溶于少量蒸馏水中，加入浓氨水 100ml，用水稀释至 1000ml。

3. 氨试液　取浓氨水 400ml，加水稀释至 1000ml。

4. 4mol/L HCl 溶液　取盐酸 300ml，加于水 600ml 中稀释。

5. 0.2%甲基红指示液　称取甲基红 0.2g，加乙醇 100ml 使溶解。

6. 0.2% 二甲酚橙指示液　取 0.2g 二甲酚橙，加蒸馏水 100ml 使溶解。

7. 20%六次甲基四胺（乌洛托品）溶液　取 20g 六次甲基四胺加蒸馏水至 100ml，混匀。

（二）0.01mol/L EDTA 溶液的配制

取 $EDTA - Na \cdot 2H_2O$ 约 3.8g 加 300ml 蒸馏水，超声溶解，稀释至 1000ml（长期放置时，应贮存于聚乙烯瓶中）。

（三）0.01mol/L EDTA 溶液的标定

1. 铬黑 T 指示剂法　取已在 800℃灼烧至恒重的基准物 ZnO 约 0.18g，精密称定。加 4mol/L HCl 溶液 10ml 使溶解，全部转移至 100ml 容量瓶中，加蒸馏水稀释至刻度，摇匀。精密量取 10ml 该溶液于 250ml 锥形瓶中，加甲基红指示液 1 滴，滴加氨试液使溶液呈微黄色，加蒸馏水 25ml，$NH_3 \cdot H_2O - NH_4Cl$ 缓冲液 10ml 和铬黑 T 指示液 1～2 滴，用 0.01mol/L EDTA 液滴定至溶液由紫红色变为纯蓝色，即为终点，记录滴定体积，计算标准溶液浓度。

2. 二甲酚橙（XO）指示剂法　取已在 800℃灼烧至恒重的基准物 ZnO 约 0.18g，精密称定。加 4mol/L HCl 溶液 10ml 使溶解，全部转移至 100ml 容量瓶中，加蒸馏水稀释至刻度，摇匀。精密量取 10ml 该溶液于 250ml 锥形瓶中，加水 25ml，2～3 滴二甲酚橙指示液，先加氨试液至溶液由黄色刚变为橙色，然后滴加20%六次甲基四胺至溶液呈稳定的紫红色，再续加3ml，用EDTA溶液滴定至溶液由红紫色变成亮黄色为终点，记录滴定体积，计算浓度。

平行测定三次，要求相对平均偏差应小于0.2%。

五、数据记录及处理

参见本章实验七。

六、注意事项

1. 贮存EDTA溶液应选用聚乙烯瓶或硬质玻璃瓶，以免EDTA与玻璃中金属离子作用。

2. 甲基红指示液只需加1滴，如多加，在滴加氨试液后溶液呈较深黄色，致使终点颜色发绿，终点不易判断。

3. 滴加氨试液至溶液呈微黄色，应边加边摇，加多了会生成Zn（OH）$_2$沉淀，此时应用稀HCl调回至沉淀刚溶解。

4. 配位反应为分子反应，反应速度不如离子反应快，近终点时，滴定速度不宜太快。

5. 计算浓度时注意滴定的量是称样量的十分之一。

七、思考题

1. 酸度对配位滴定有何影响？为什么要缓冲液？

2. 试述标定过程中各所加各试液的作用以及选用的加样器皿。

3. 选择金属指示剂的原则是什么？

实验十六　水的硬度测定

一、目的要求

1. 进一步掌握铬黑T指示剂的应用，了解金属指示剂的特点。

2. 掌握EDTA法测定水的硬度的原理和方法。了解水的硬度的测定意义和常用的硬度表示方法。

二、基本原理

常水（自来水、河水、井水等）常称为硬水，含有较多钙盐和镁盐，以其中钙、镁离子含量以硬度表示。水的总硬度分为暂时硬度和永久硬度。

暂时硬度：水中含有钙、镁的酸式碳酸盐，遇热即成碳酸盐沉淀而失去其硬性。反应为：

$$Ca(HCO_3)_2 \xrightarrow{\triangle} CaCO_3\downarrow + + H_2O + CO_2\uparrow$$

$$Mg(HCO_3)_2 \longrightarrow MgCO_3\downarrow \text{（不完全）} + + H_2O + CO_2\uparrow$$

$$\xrightarrow{+H_2O} Mg(OH)_2\downarrow + CO_2\uparrow$$

永久硬度：水中含有钙、镁的硫酸盐、氯化物、硝酸盐，在加热时也不沉淀（但在锅炉运用温度下，溶解度低的可析出而成锅垢）。

水中钙、镁离子的含量可用 EDTA 法测定。在 pH = 10 时，以铬黑 T 为指示剂，用 0.01mol/L 的 EDTA 标准溶液直接测定水中的 Ca^{2+}、Mg^{2+}。

滴定前 $Ca^{2+} + HIn^{2-}$（纯蓝色）$\rightleftharpoons CaIn^{-}$（紫红色）$+H^{+}$

$Mg^{2+} + HIn^{2-}$（纯蓝色）$\rightleftharpoons MgIn^{-}$（紫红色）$+H^{+}$

终点时 $MgIn^{-}$（紫红色）$+H_2Y^{2-} \rightleftharpoons MgY^{2-} + HIn^{2-}$（纯蓝色）$+H^{+}$

水的硬度的表示方法有多种，本书采用我国目前常用的表示方法，以度（°）计，1 硬度单位表示十万份水中含 1 份 CaO（M = 56.08g/mol）或 $CaCO_3$（M = 100.09g/mol）。（1° = 10ppm；1ppm 为百万分之一）

$$硬度（°）= \frac{c_{EDTA}V_{EDTA}M}{V_{水} \times 1000} \times 10^5$$

三、仪器与试剂

1. 仪器 25ml 酸式滴定管；100ml 容量瓶；250ml 锥形瓶等。

2. 试剂 0.01mol/L 的 EDTA 标准溶液（同本章实验十五），0.5% 铬黑 T 指示液（同本章实验十五），$NH_3 \cdot H_2O - NH_4Cl$ 缓冲液（pH = 10）（同本章实验十五）。

3. 样品 自来水。

四、实验步骤

量取自来水 100.0ml（可用容量瓶量取）于 250ml 锥形瓶中，加入 $NH_3 \cdot H_2O - NH_4Cl$ 缓冲液（pH = 10）5ml，摇匀，再加入 0.5% 铬黑 T 指示液 1 ~ 2 滴，摇匀，用 0.01mol/L 的 EDTA 标准溶液滴定至溶液由紫红色变为纯蓝色，即为终点。记录滴定体积，计算水的硬度。平行测定三次，要求相对平均偏差应小于 0.2%。

五、数据记录与处理

参见本章实验八。

六、注意事项

1. 滴定时，因反应速度较慢，在接近终点时，应缓慢加入标准溶液，并充分摇匀。在氨性溶液中，当 $Ca(HCO_3)_2$ 含量高时，可能会析出 $CaCO_3$ 沉淀，使终点颜色不敏锐，这时可于滴定前先将溶液酸化，加 2 ~ 3 滴 4mol/L 盐酸溶液，煮沸溶液除去 CO_2，注意 HCl 不宜多加，以免影响滴定的 pH。

2. 其他水质硬度测定时可根据具体情况适当稀释，如测定海水中镁含量可稀释 40 倍。

七、思考题

1. 什么叫水的硬度？除本章表示方式外，硬度还有哪些表示方法？试分别计算不同表示方式的硬度。

2. 配位滴定法与酸碱滴定法有哪些不同点？操作中应注意哪些问题？

3. 钙、镁含量测定除用本实验方法还可以用哪些方法？

4. 设计一方法，分别测定自来水中 Ca^{2+} 和 Mg^{2+} 的浓度（只需写出原理和指示剂）。

实验十七　0.01mol/L $ZnSO_4$ 标准溶液配制与标定

一、目的要求

1. 掌握 $ZnSO_4$ 标准溶液的配制和标定方法。
2. 了解金属指示剂变色原理及使用注意事项。

二、基本原理

$ZnSO_4$ 标准溶液常用间接法配制，将 $ZnSO_4 \cdot 7H_2O$（$M = 300.0g/mol$）溶于水，配制成所需的近似浓度的溶液，再用 EDTA 标准溶液标定。以铬黑 T 为指示剂，滴定条件：pH = 10，终点由紫红色变为纯蓝色。滴定过程中反应为：

滴定前：$Zn^{2+} + HIn^{2-}$（纯蓝色）$\rightleftharpoons ZnIn^-$（紫红色）$+ H^+$

滴定中：$Zn^{2+} + H_2Y^{2-} \rightleftharpoons ZnY^{2-} + 2H^+$

终点时：$ZnIn^-$（紫红色）$+ H_2Y^{2-} \rightleftharpoons ZnY^{2-} + HIn^{2-}$（纯蓝色）$^+H^+$

计算公式：$c_{ZnSO_4} = \frac{(cV)_{EDTA}}{V_{ZnSO_4}}$

三、仪器与试剂

1. 仪器　25ml 酸式滴定管；20ml 移液管；250ml 锥形瓶等。

2. 试剂　$ZnSO_4 \cdot 7H_2O$（AR），0.01mol/L EDTA 标准溶液（同本章实验十五），铬黑 T 指示液（同本章实验十五），$NH_3 \cdot H_2O - NH_4Cl$ 缓冲液（pH10）、氨试液、甲基红指示液、稀盐酸（均同本章实验十五）。

四、实验步骤

1. 0.01mol/L $ZnSO_4$ 标准溶液的配制　称取 $ZnSO_4 \cdot 7H_2O$ 3.3g，加稀盐酸 40ml，使溶解，再加蒸馏水 1000ml，置试剂瓶中，摇匀。

2. 0.01mol/L $ZnSO_4$ 标准溶液的标定　精密量取 $ZnSO_4$ 溶液 20ml，置 250ml 锥形瓶中，加甲基红指示液 1 滴，滴加氨试液至溶液呈微黄色，再加蒸馏水 25ml，$NH_3 \cdot H_2O - NH_4Cl$ 缓冲溶液 10ml，铬黑 T 指示液 1 ~2 滴，用 0.01mol/L EDTA 标准溶液滴定至溶液自紫红色转变为纯蓝色，即为终点。记录滴定体积，计算 $ZnSO_4$ 标准溶液浓度。平行测定三次，要求相对平均偏差应小于 0.2%。

五、数据记录与处理

参见本章实验七。

六、注意事项

参见本章实验十五。

七、思考题

1. 标定 $ZnSO_4$ 的操作步骤中，甲基红指示液、氨试液和氨 - 氯化铵缓冲溶液的作用分别是什么？

2. 试计算该标准溶液对于硫酸铝钾［$KAl(SO_4)_2 \cdot 12H_2O$］的滴定度。

实验十八 明（白）矾中硫酸铝钾含量测定

一、目的要求

1. 掌握返滴定法的原理、操作及计算。
2. 掌握用二甲酚橙指示剂判断终点。
3. 了解 EDTA 测定铝盐的特点。

二、基本原理

明（白矾）主要组分 $KAl(SO_4)_2 \cdot 12H_2O$（$M = 474.4g/mol$），可通过测定其组成中铝的含量，再换算成硫酸铝钾的含量。铝离子能与 EDTA 形成比较稳定的配位化合物，但反应速度较慢，可采用返滴定法，即准确加入过量的 EDTA 标准溶液，待反应完全后，再用 $ZnSO_4$ 标准溶液滴定剩余的EDTA。

选用二甲酚橙为指示剂，在 pH <6 时为黄色，计量点后，稍过量的 Zn^{2+}，即与其形成红紫色的配合物，溶液呈橙色，指示终点到达。控制溶液 pH 在 5 ~6。反应为：

$$Al^{3+} + H_2Y^{2-}\text{（过量）} \rightleftharpoons AlY^- + 2H^+$$

$$H_2Y^{2-}\text{（剩余量）} + Zn^{2+} \rightleftharpoons ZnY^{2-} + 2H^+$$

$$Zn^{2+} + XO\text{（黄色）} \rightleftharpoons Zn - XO\text{（红紫色）}$$

计算公式：$$\omega_{KAl(SO_4)_2 \cdot 12H_2O} = \frac{[(cV)_{EDTA} - (cV)_{ZnSO_4}] \times M_{KAl(SO_4)_2 \cdot 12H_2O}}{m_s \times 1000} \times 100\%$$

三、仪器与试剂

1. 仪器 分析天平，25ml 酸式滴定管，称量瓶，25ml 移液管，100ml 容量瓶，250ml 锥形瓶等。

2. 试剂 0.01mol/L EDTA、0.2% 二甲酚橙指示液、20% 六次甲基四胺（乌洛托品）溶液（均同本章实验十五），0.01mol/L $ZnSO_4$ 标准溶液（同本章实验十七）。

3. 样品 明（白）矾。

四、实验步骤

取明（白）矾约 0.3g，精密称定，置小烧杯中，加蒸馏水溶解，定量转移至 100ml 容量瓶中，稀释至刻度。精密量取 25ml 至 250ml 锥形瓶中，精密加入 0.01mol/L EDTA 标准溶液 25ml，煮沸 5min，放冷，加 20% 六次甲基四胺溶液 25ml，0.2% 二甲酚橙指示液 4 滴，用 0.01mol/L 的 $ZnSO_4$ 标准溶液滴定至溶液由黄色变为橙色。记录滴定体积，计算含量（以 $KAl(SO_4)_2 \cdot 12H_2O$ 计）。平行三份测定，要求相对平均偏差应小于 0.2%。

五、数据记录和计算

参见本章实验八。

六、注意事项

1. 样品溶于水后，会缓慢水解呈浑浊，在加入过量 EDTA 溶液后，即可溶解，故不影响测定。

2. 加热促进 Al^{3+} 与 EDTA 配位反应加速，一般在沸水浴中加热 3min 反应程度可达 99%，为使反应完全，加热 10min。

3. pH <6 时，游离二甲酚橙呈黄色，滴定至终点时，微过量的 Zn^{2+} 与部分二甲酚橙配位成红紫色，黄色与红紫色组成橙色。

4. 在滴定溶液中加入六次甲基四胺控制溶液的酸度 pH5 ~6，因 pH <4 时，配位不完全，pH >7 时，生成 $Al(OH)_3$ 沉淀。

5. 计算含量时注意滴定量是称样量的四分之一。

七、思考题

1. 测定铝盐为什么必须采用剩余滴定法？能用铬黑 T 作指示剂吗？

2. 二甲酚橙是如何指示终点的？为什么只能在酸性溶液中滴定？还可采用何种试剂控制酸度？六次甲基四胺在滴定中起什么作用？

实验十九　0.1mol/L $Na_2S_2O_3$ 标准溶液配制与标定

一、目的要求

1. 掌握 $Na_2S_2O_3$ 标准溶液的配制方法和注意事项。
2. 掌握置换碘量法的操作过程及学会碘量瓶的使用
3. 巩固碘量法的原理，正确使用淀粉指示液指示终点。

二、基本原理

$Na_2S_2O_3$ 标准溶液通常用 $Na_2S_2O_3 \cdot 5H_2O$（$M = 248.19g/mol$）配制，由于 $Na_2S_2O_3$ 遇酸迅速分解产生 S，配制时若水中含有较多 CO_2，则 pH 偏低，容易使配得的 $Na_2S_2O_3$ 溶液变混浊。若水中有微生物，也能慢慢分解 $Na_2S_2O_3$，因此配制 $Na_2S_2O_3$ 溶液常用新煮沸放冷的蒸馏水，并加入少量的 Na_2CO_3，以防止 $Na_2S_2O_3$ 分解。

标定 $Na_2S_2O_3$ 可用 $K_2Cr_2O_7$、$KBrO_3$、KIO_3、$KMnO_4$ 等氧化剂，常用 $K_2Cr_2O_7$（$M = 294.2g/mol$）。采用置换滴定法，先使 $K_2Cr_2O_7$ 与过量的 KI 作用，再用待标定的 $Na_2S_2O_3$ 溶液滴定析出的 I_2，第一步反应为：

$$Cr_2O_7^{2-} + 14H^+ + 6I^- = 3I_2 + 2Cr^{3+} + 7H_2O$$

酸度较低时，反应完成较慢，酸度太高使 KI 被空气氧化成 I_2，酸度应控制在 0.6mol/L 左右，避光放置 10min，反应才能定量完成。第二步反应为：

$$I_2 + 2S_2O_3^{2-} = 2I^- + S_4O_6^{2-}$$

第一步反应析出的 I_2 用 $S_2O_3^{2-}$ 溶液滴定，用淀粉溶液作指示剂，以蓝色消失为终点。由于开始滴定时 I_2 较多，若此时加入淀粉指示剂，则 I_2 被淀粉吸附过牢，$Na_2S_2O_3$ 不易将 I_2 完全夺出，难以观察终点，因此必须在近终点时加入淀粉指示剂。

$Na_2S_2O_3$ 与 I_2 的反应只能在中性或弱酸性溶液中进行，在碱性溶液中发生副反应：

$$S_2O_3^{2-} + 4I_2 + 10OH^- = 2SO_4^{2-} + 8I^- + 5H_2O$$

而在酸性溶液中 $Na_2S_2O_3$ 又易分解：

$$S_2O_3^{2-} + 2H^+ \longrightarrow S\downarrow + SO_2\uparrow + H_2O$$

因此在用 $Na_2S_2O_3$ 溶液滴定前应将溶液稀释。用水稀释溶液除降低酸度外，还可避免溶液中 Cr^{3+} 颜色太深所致终点判断偏差。计算公式：

$$c_{Na_2S_2O_3} = \frac{6 \times m_{K_2Cr_2O_7} \times 1000}{V_{Na_2S_2O_3} \times M_{K_2Cr_2O_7}}$$

三、仪器与试剂

1. 仪器　分析天平（0.1mg），25ml 酸式滴定管，称量瓶，250ml 碘量瓶。

2. 试剂　$Na_2S_2O_3 \cdot 5H_2O$（AR），$K_2Cr_2O_7$（基准试剂），Na_2CO_3（AR），20% KI 水溶液，4mol/L HCl 溶液，1% 淀粉指示液。

四、实验步骤

（一）试剂的配制

1. 20%KI 水溶液　取 KI（AR）20g 加蒸馏水 100ml 使溶解，即得。

2. 4mol/L HCl 溶液　取浓 HCl 30ml 加于适量水中至 90ml，混匀，即得。

3. 1%淀粉指示液　取可溶性淀粉 1g 加水 10ml 搅匀后，缓缓滴入 90ml 沸水中，随加随搅。继续煮沸 2min，放冷，倾取上层清液即得（置冰箱可冷藏一周，不能放置过久）。

（二）$Na_2S_2O_3$ 溶液的配制

取 $Na_2S_2O_3 \cdot 5H_2O$（AR）28g 与 Na_2CO_3 约 0.2g，分批加新煮沸冷却的蒸馏水（总计 1000ml）溶解，倒入棕色瓶中放置一周以上，再标定。

（三）溶液的标定

取在 120℃ 干燥至恒重的基准 $K_2Cr_2O_7$ 约 0.1g，精密称定，置碘量瓶中，加蒸馏水 50ml 使溶解，加入 20% KI 溶液 10ml，HCl 溶液 10ml，密塞、摇匀、水封、暗处放置 10min，用 50ml 蒸馏水稀释，$Na_2S_2O_3$ 溶液滴定至近终点时，加淀粉指示液 1ml，继续滴定至蓝色消失，即为终点。记录滴定体积，计算标准溶液浓度。平行测定三次，要求相对平均偏差应小于 0.2%。

五、数据记录与处理

参见本章实验七。

六、注意事项

1. 操作条件对滴定碘法的准确度影响很大。为防止碘的挥发和碘离子的氧化，必须严格按分析规程谨慎操作。滴定开始时要快滴慢摇，减少碘的挥发。近终点时，要慢滴，大力振摇，减少淀粉对碘的吸附。

2. 用重铬酸钾标定硫代硫酸钠溶液时，滴定完了的溶液放置一定时间可能又变为蓝色。如果放置 5min 后变蓝，是由于空气中 O_2 的氧化作用所致，可不予考虑；如果很快变蓝，说明 $K_2Cr_2O_7$ 与 KI 的反应没有定量进行完全，必须弃去重做。

3. 酸度对滴定有影响，要求在滴定过程中 HCl 的酸度控制在 0.2 ~ 0.4mol/L，滴定前应用水稀释。

七、思考题

1. 配制 $Na_2S_2O_3$ 溶液时，为什么加 Na_2CO_3？为什么用新煮沸放冷的蒸馏水？能否先将 $Na_2S_2O_3$ 溶于蒸馏水之后再煮沸之？为什么？

2. 称 $K_2Cr_2O_7$、KI，量 H_2O 及 HCl 各用什么容器？

3. 以重铬酸钾标定 $Na_2S_2O_3$ 浓度为何要加 KI？为何要在暗处放置 10min？滴定前为何要稀释？淀粉为何接近终点加入？

4. 试计算该标准溶液对 $CuSO_4 \cdot 5H_2O$ 的滴定度。

实验二十　间接碘量法测定胆矾中硫酸铜含量

一、目的要求

1. 巩固碘量法的操作。
2. 掌握间接碘量法测定铜盐含量的原理和方法。

二、基本原理

在弱酸性条件下，Cu^{2+} 可与过量 KI 反应，还原为 CuI，析出等量 I_2，过量的 KI 可使 Cu^{2+} 的还原趋于完全，I^- 作为沉淀剂，可提高 Cu^{2+}/Cu^+ 的氧化还原电位，有利于反应向右进行，使 Cu^{2+} 定量还原；过量 KI 使 I_2 生成 I_3^- 以防止 I_2 挥发，减少 I_2 的损失。反应式为：

$$2Cu^{2+} + 5I^- \rightleftharpoons 2CuI\downarrow + I_3^-$$

生成 I_2 的量，取决于试样中 Cu^{2+} 的含量。析出的 I_2 以淀粉为指示剂，用 $Na_2S_2O_3$ 标准溶液滴定：

$$2S_2O_3^{2-} + I_3^- \rightleftharpoons S_4O_6^- + 3I^-$$

即 $2Cu^{2+} \sim I_3^- \sim 2Na_2S_2O_3$

故 $n_{Cu^{2+}} : n_{S_2O_3^{2-}} = 1:1$

胆矾主要成分为硫酸铜（$CuSO_4 \cdot 5H_2O$，$M = 249.71g/mol$），溶解于水形成游离 Cu^{2+}，可以利用间接碘量法测定含量。计算公式：

$$\omega_{CuSO_4 \cdot 5H_2O} = \frac{c_{Na_2S_2O_3} V_{Na_2S_2O_3} M_{CuSO_4 \cdot 5H_2O}}{m_s \times 1000} \times 100\%$$

三、仪器与试剂

1. 仪器　分析天平（0.1mg），称量瓶，25ml 酸式滴定管，250ml 碘量瓶。
2. 0.1mol/L $Na_2S_2O_3$ 标准溶液（同本章实验十九）。
3. 20% KI 水溶液；1% 淀粉指示液（同本章实验十九）。
4. 10% KSCN 溶液。
5. 醋酸（AR，36% ~37%）。
6. 样品　胆矾。

四、实验步骤

取胆矾样品约 0.5g，精密称定，置 250ml 碘量瓶中，加蒸馏水 50ml，溶解后加醋酸 4ml，20% KI 溶液 10ml，立即密塞摇匀。用 0.1mol/L $Na_2S_2O_3$ 标准溶液滴定，至近终点时，加淀粉指示液 1ml，继续滴定至溶液颜色变浅，加入 10% 硫氰化钾溶液 5ml，摇动（此时溶液颜色变深），再用 $Na_2S_2O_3$ 标准溶液继续滴定至蓝色消失，即为终点，记录滴定体积，计算胆矾中 $CuSO_4 \cdot 5H_2O$ 的百分含量。平行测定三次，要求相对平均偏差应小于0.2%。

五、数据记录与处理

参见本章实验八。

六、注意事项

反应中生成的CuI沉淀吸附性较强，影响结果的准确度，若在近终点时加入硫氰化钾或硫氰化铵，使CuI转变为溶解度更小的CuSCN沉淀，使原来吸附在CuI沉淀上的 I_2 释放出来，从而使反应完全，且终点易于观察。

七、思考题

1. 本实验为什么在弱酸性溶液中进行?
2. 滴定 $CuSO_4 \cdot 5H_2O$ 时，为什么不能过早加入淀粉溶液?
3. 加KSCN溶液的作用是什么? 为什么不能过早的加入?

实验二十一　0.05mol/L I_2 标准溶液配制与标定

一、目的要求

1. 掌握直接碘量法的操作过程。
2. 掌握碘标准溶液的配制方法与注意事项。

二、基本原理

纯碘虽可用升华法制得，但因其具有挥发性和腐蚀性，不宜用分析天平准确称量，通常仍采用间接法配制成近似浓度的待标液，用 $Na_2S_2O_3$ 标准溶液或基准物质 As_2O_3 标定。

I_2 在水中的溶解度很小（0.02g/100ml），而且容易挥发，在有大量KI存在时，I_2 与 I^- 形成可溶性 I_3^- 配离子，这样既增大了 I_2 的溶解度又降低了 I_2 的挥发性。在少量盐酸存在下，可使在KI中可能存在少量 KIO_3 与KI作用成为 I_2，以消除 KIO_3 对滴定的影响。同时，中和在配制 $Na_2S_2O_3$ 溶液时加入的少量 Na_2CO_3，可使滴定反应不在碱性溶液中进行。本实验选用 $Na_2S_2O_3$ 标准溶液标定碘标准溶液浓度。标定反应：

$$I_3^- + 2\,S_2O_3^{2-} \rightleftharpoons\!= 3\,I^- + S_4O_6^{2-}$$

计算公式：

$$c_{I_2} = \frac{1}{2} \times \frac{(cV)_{Na_2S_2O_3}}{V_{I_2}}$$

三、仪器与试剂

1. 仪器　25ml酸式滴定管，250ml锥形瓶，20ml移液管。

2. 试剂　I_2（AR），KI（AR），盐酸（AR），0.1mol/L $Na_2S_2O_3$ 标准溶液、1%淀粉指示液（均同本章实验十九）。

四、实验步骤

（一）1mol/L HCl 溶液的配制

取 9ml 盐酸，加于适量水中至 100ml，即得。

（二）0.05mol/L I_2 标准溶液的配制

称取 7g I_2 和 18g KI 置小研钵中，加少量蒸馏水，加 4mol/L HCl 溶液 1ml，充分研磨至 I_2 全部溶解后，转移入棕色试剂瓶中，加蒸馏水稀释至 500ml，摇匀，密塞，放置一周以上再标定。

（三）0.05mol/L I_2 标准溶液的标定

量取 0.1mol/L $Na_2S_2O_3$ 标准溶液 20.00ml，加蒸馏水 100ml，加 1mol/L HCl 溶液和淀粉指示液各 1ml，用 I_2 待标液滴定至溶液恰显蓝色，30s 不褪色，即为终点。根据 $Na_2S_2O_3$ 标准溶液的浓度和体积及消耗的 I_2 溶液的体积，计算 I_2 标准溶液浓度。

或：量取 I_2 待标液 20.00ml，加蒸馏水 100ml，加 1mol/L HCl 溶液 1ml，用 0.1mol/L $Na_2S_2O_3$ 标准溶液滴定至近终点，加淀粉指示液 1ml，继续滴定至蓝色恰褪去（30s 不回蓝色），即为终点。根据 I_2 溶液的体积及 $Na_2S_2O_3$ 标准溶液的浓度和消耗的体积，计算 I_2 标准溶液浓度。

平行测定三次，要求相对平均偏差应小于 0.2%。

五、数据记录和计算

参见本章实验七。

六、注意事项

1. I_2 必须溶解在浓 KI 溶液中，并充分搅拌，使 I_2 完全溶解后，才可用水稀释。

2. 碘溶液见光遇热时浓度会发生变化，故应装在棕色瓶里，并用玻璃塞盖紧，放置暗处保存。贮存和使用碘溶液时，应避免与橡皮塞、管等接触。

七、思考题

1. 配制 I_2 液时，为什么加 KI 和少量盐酸？

2. I_2 液应装在哪种滴定管中？为什么？

实验二十二　直接碘量法测定维生素 C 含量

一、目的要求

1. 掌握直接碘量法的原理和方法。

2. 练习维生素 C 含量测定的操作步骤。

二、基本原理

I_2 标准溶液可以直接测定一些还原性的物质，如维生素 C（$C_6H_8O_6$；$M = 176.1$g/mol）。反应在稀酸中进行，维生素 C 分子中的二烯醇基被 I_2 定量地氧化成二酮基：

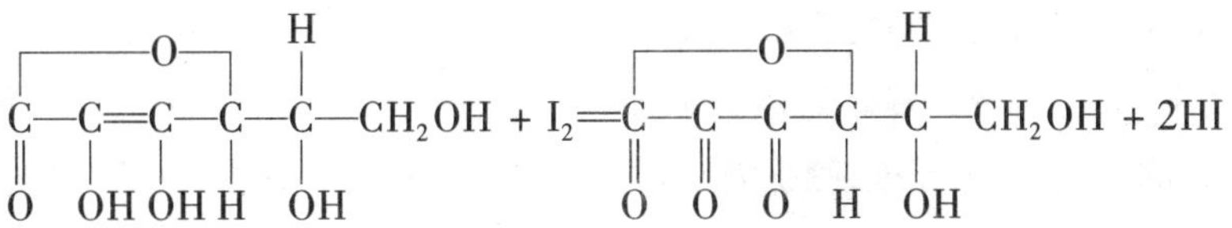

```
┌────O──┐   H                  ┌────O──┐    H
│       │   │                  │       │    │
C—C═C—C—C—CH2OH + I2 ═ C—C—C—C—C—CH2OH + 2HI
‖  │  │  │  │                ‖  ‖  ‖  │  │
O  OH OH H  OH               O  O  O  H  OH
```

由于维生素 C 的还原性很强，即使在弱酸性条件下，上述反应也进行的相当完全。而维生素 C 在空气中极易被氧化，尤其是在碱性条件下更甚，故该反应在稀醋酸介质中进行，以减少维生素 C 的副反应。计算公式：

$$\omega_{C_6H_8O_6}=\frac{c_{I_2}V_{I_2}M_{C_6H_8O_6}}{m_s\times 1000}\times 100\%$$

三、仪器与试剂

1. 仪器　分析天平（0.1mg），25ml 酸式滴定管（棕色），250ml 碘量瓶。

2. 试剂　0.05mol/L I_2 标准溶液（同本章实验二十一），1% 淀粉溶液（同本章实验十九）。

3. 样品　维生素 C 原料。

四、实验步骤

取维生素 C 样品约 0.2g，精密称定，置 250ml 碘量瓶中，加新煮沸放冷的蒸馏水 100ml 与稀 HAc 10ml 使溶解后，加淀粉指示液 1ml，立即用 I_2 标准溶液滴定至溶液转为蓝色，30s 不褪，即为终点。记录滴定，计算维生素 C 的含量。平行测定三次，要求相对平均偏差应小于 0.2%。

五、数据记录与处理

参见本章实验八。

六、注意事项

1. 在酸性介质中，维生素 C 受空气的氧化速度稍慢，较为稳定，但样品溶解后仍需立即进行滴定。
2. 在有水或潮湿的情况下，维生素 C 易分解。

七、思考题

1. 为什么维生素 C 含量可以用碘量法测定？
2. 滴定维生素 C 时，为什么要加稀 HAc？
3. 溶解样品时为什么要用新煮沸放冷的蒸馏水？

实验二十三　0.02mol/L $KMnO_4$ 标准溶液配制与标定

一、目的要求

1. 掌握 $KMnO_4$ 标准溶液的配制方法与保存方法。
2. 掌握用 $Na_2C_2O_4$ 标定 $KMnO_4$ 溶液的原理、方法及滴定条件。

二、基本原理

市售 $KMnO_4$ 试剂常含少量 MnO_2 及其他杂质，蒸馏水中也常含少量有机物，可促使 $KMnO_4$ 还原，

因此 $KMnO_4$ 标准溶液在配制后要进行标定。

配制所需浓度的 $KMnO_4$ 溶液，在暗处放置7～10天，使溶液中还原性杂质与 $KMnO_4$ 充分作用，将还原产物 MnO_2 过滤除去，贮存于棕色瓶中，密闭保存。标定 $KMnO_4$ 溶液常采用基准物草酸钠（$Na_2C_2O_4$，$M=134.0g/mol$），$Na_2C_2O_4$ 易提纯，性质稳定。其标定反应为：

$$2MnO_4^- + 5C_2O_4^{2-} + 16H^+ \xlongequal{} 2Mn^{2+} + 10CO_2\uparrow + 8H_2O$$

上述反应进行缓慢，开始滴定时加入的 $KMnO_4$ 不能立即褪色，但一经反应生成 Mn^{2+} 后，Mn^{2+} 对该反应有催化作用，促使反应速度加快，可采用在滴定开始加热溶液，并控制在70～85℃进行滴定。利用 $KMnO_4$ 本身的颜色指示滴定终点。计算公式：

$$c_{KMnO_4} = \frac{2}{5} \times \frac{m_{Na_2C_2O_4} \times 1000}{V_{KMnO_4} \times M_{Na_2C_2O_4}}$$

三、仪器与试剂

1. 仪器 分析天平（0.1mg），称量瓶，25ml 酸式滴定管，250ml 锥形瓶。

2. 试剂 $KMnO_4$（AR），$Na_2C_2O_4$（基准），硫酸（AR）。

四、实验步骤

（一）稀硫酸溶液

取57ml硫酸缓慢倒入900ml蒸馏水中后加蒸馏水至1000ml，摇匀，即得。

（二）0.02mol/L $KMnO_4$ 溶液的配制

称取 $KMnO_4$ 3.6g 溶于1000ml新煮沸并冷却的蒸馏水中，混匀，置棕色玻璃塞试剂瓶中，于暗处放置7～10天后，用垂熔玻璃漏斗过滤，存于洁净棕色玻璃瓶中。

（三）$KMnO_4$ 溶液的标定

取于105～110℃干燥至恒重的基准物 $Na_2C_2O_4$ 0.14g，精密称定，置于250ml锥形瓶中，加新沸过的冷蒸馏水10ml与稀硫酸溶液30ml，使溶解，自滴定管中迅速加入0.02mol/L $KMnO_4$ 标准溶液约10ml（边加边振摇，以避免产生沉淀），待褪色后，加热至75～85℃，继续滴定至溶液显微红色并保持30s不褪，即为终点。记录滴定体积，计算标准溶液浓度。平行测定三次，要求相对平均偏差应小于0.2%。

五、数据记录与处理

参见本章实验七。

六、注意事项

1. 滴定开始时反应较慢，可在滴定时先快速加入少量 $KMnO_4$，待褪色后，加热溶液，再正常滴定。

2. 操作中加热可使反应速度增快，但温度不可超过90℃，否则会引起 $Na_2C_2O_4$ 分解以及 $KMnO_4$ 会转变成 MnO_2。

3. 滴定终点时，溶液温度不应低于55℃，否则反应速度较慢会影响终点观察的准确性。

七、思考题

1. 为什么用 H_2SO_4 溶液调节酸性？是否可以用 HCl 或 HNO_3？

2. 用 $KMnO_4$ 配制标准溶液时，应注意些什么问题？为什么？

3. 用 $KMnO_4$ 溶液滴定时速度如何控制？

实验二十四　医用过氧化氢溶液中 H_2O_2 含量测定

一、目的要求

1. 掌握用 $KMnO_4$ 法测定 H_2O_2 含量的方法。

2. 掌握液体样品的取样方法。

3. 进一步掌握 $KMnO_4$ 法的操作。

二、基本原理

医用过氧化氢溶液为消毒防腐剂，含过氧化氢（H_2O_2，$M = 34.01$g/mol）2.5% ~3.5%（g/ml）。在酸性溶液中，H_2O_2 遇氧化性更强的氧化剂 $KMnO_4$ 将被氧化成 O_2，反应应在 1 ~2mol/L 硫酸溶液中进行。

$$2MnO_4^- + 5H_2O_2 + 6H^+ \xlongequal{} 2Mn^{2+} + 5O_2\uparrow + 8H_2O$$

计算公式：$\omega_{H_2O_2} = \frac{5}{2} \times \frac{c_{KMnO_4} \times V_{KMnO_4} \times M_{H_2O_2}}{V_s \times 1000} \times 100\%$

式中，V_s 为所取试样体积（ml）。

三、仪器与试剂

1. 仪器　25ml 酸式滴定管，250ml 锥形瓶，容量瓶，移液管。

2. 试剂　$KMnO_4$（AR），硫酸（AR），0.02mol/L $KMnO_4$ 标准溶液、稀硫酸溶液（均同本章实验二十三）。

3. 样品　医用过氧化氢溶液。

四、实验步骤

精密量取试样溶液 5ml，置 50ml 容量瓶中，用蒸馏水稀释至刻度，摇匀，精密量取 10ml，置锥形瓶中，加稀硫酸溶液 20ml，用 0.02mol/L $KMnO_4$ 标准溶液滴定至溶液呈微红色，即为终点。记录滴定体积，计算含量。平行测定 3 次，要求相对平均偏差应小于 0.2%。

五、数据记录与处理

参见本章实验八。

六、注意事项

1. 若市售 H_2O_2 中常有起稳定作用的少量乙酰苯胺或尿素，它们也具有还原性，妨碍测定，在这种情况下，以采用碘量法为宜。

2. 计算时注意，滴定的量是取样量的 1/5。

七、思考题

1. 测定 H_2O_2 含量，除用 $KMnO_4$ 法外，还可用什么方法测定？
2. 用 $KMnO_4$ 法测定 H_2O_2 时，能否用 HNO_3 或 HCl、HAc 来控制酸度？为什么？

实验二十五　绿矾中硫酸亚铁含量测定

一、实验目的

1. 熟悉 $KMnO_4$ 法采用自身指示剂法判断滴定终点。
2. 了解 $KMnO_4$ 法测定绿矾的原理和操作方法。

二、基本原理

在强酸性条件下，$KMnO_4$ 可以将 Fe^{2+} 定量氧化。反应为：

$$MnO_4^- + 5Fe^{2+} + 8H^+ \longrightarrow Mn^{2+} + 5Fe^{3+} + 4H_2O$$

绿矾主要成分为 $FeSO_4 \cdot 7H_2O$（$M=278.01g/mol$），因此，可以用 $KMnO_4$ 标准溶液在 H_2SO_4 酸性介质中，采用自身指示剂法，直接法测定 Fe^{2+}，测定硫酸亚铁的含量。计算公式：

$$\omega_{FeSO_4 \cdot 7H_2O} = 5 \times \frac{(cV)_{KMnO_4} \times M_{FeSO_4 \cdot 7H_2O}}{1000 \times m_s} \times 100\%$$

三、仪器与试剂

1. 仪器　分析天平（精确度 0.1mg），称量瓶，25ml 酸式滴定管，250ml 锥形瓶。

2. 试剂　$KMnO_4$（AR），H_2SO_4（AR），0.02mol/L $KMnO_4$ 标准溶液、稀硫酸溶液（均同本章实验二十三）。

3. 样品　绿矾。

四、实验步骤

取绿矾约 0.50g（±10%），精密称定，置 250ml 锥形瓶中，加入新沸过的冷蒸馏水 25ml 和稀硫酸溶液 25ml，使完全溶解，立即用 0.02mol/L $KMnO_4$ 溶液滴定至溶液呈微红色（30s 不褪），即为终点。记录滴定体积，计算含量（以 $FeSO_4 \cdot 7H_2O$ 计）。平行测定 3 次，要求相对平均偏差应小于 0.2%。

五、数据记录和处理

参见本章实验八。

六、注意事项

1. 注意滴定管的使用注意事项及读数时的注意事项。
2. 绿矾滴定时，绿矾加水溶解后应立即滴定，不能放置太久。

七、思考题

1. 绿矾滴定中，加水溶解后要立即滴定，为什么？

2. 本实验中各用什么仪器？哪些数据需精确测定？

3. 用 $KMnO_4$ 法测定绿矾中铁的含量时，为什么不需要外加指示剂，而采用自身指示剂法判断终点？

实验二十六　重铬酸钾法测定黑氧化铁含量

一、实验目的

1. 掌握重铬酸钾法测定铁的基本原理及实验条件。
2. 了解氧化还原指示剂的变色原理。

二、基本原理

重铬酸钾（$K_2Cr_2O_7$，$M=294.18g/mol$）易制纯，纯品在120℃干燥到恒重后，可直接配成标准溶液。$K_2Cr_2O_7$ 是一种常用强氧化剂，在酸性介质中可与还原性物质作用，本身被还原为 Cr^{3+}；常用二苯胺磺酸钠作指示剂，溶液变成紫红色为终点。采用 $K_2Cr_2O_7$ 法可以测定 Fe^{2+}、VO_2^{2+}、Na^+、COD 及土壤中有机质和某些有机化合物的含量。

黑氧化铁（Fe_3O_4，$M=231.53g/mol$）是药用辅料，可利用热 HCl 溶液溶解，利用 $SnCl_2$ 将 Fe^{3+} 还原为 Fe^{2+}，在酸性溶液中用 $K_2Cr_2O_7$ 标准溶液滴定 Fe^{2+}；滴定反应为：

$$Cr_2O_7^{2-}+6Fe^{2+}+14H^+ = 2Cr^{3+}+6Fe^{3+}+7H_2O$$

因为 $SnCl_2$ 过量会消耗滴定液，因此 $SnCl_2$ 不可多加。有反应：

$$3SnCl_2+K_2Cr_2O_7+14HCl = 3SnCl_4+2KCl+2CrCl_3+7H_2O$$

稍过量的 Sn^{2+} 用氯化汞与之反应，滴定在硫酸介质中进行。计算公式：

$K_2Cr_2O_7$ 标准溶液浓度　$c_{K_2Cr_2O_7}=\dfrac{m_{K_2Cr_2O_7}\times 1000}{294.18\times V}$

Fe_3O_4 含量　$\omega_{Fe_3O_4}=2\times\dfrac{(cV)_{K_2Cr_2O_7}\times M_{Fe_3O_4}}{m_s\times 1000}\times 100\%$

三、仪器与试剂

1. 仪器　分析天平（0.1mg），称量瓶，25ml 酸式滴定管，100ml 容量瓶，250ml 具塞锥形瓶。

2. 试剂　$K_2Cr_2O_7$（基准试剂），$SnCl_2\cdot 2H_2O$（AR），$HgCl_2$（AR），盐酸（AR），硫酸（AR），磷酸（AR），二苯胺磺酸钠（指示剂）。

3. 样品　黑氧化铁。

四、实验步骤

（一）试剂的配制

1. 10%$SnCl_2$ 溶液　$SnCl_2\cdot 2H_2O$（AR）10g 溶于40ml 热盐酸中，加水稀释至100ml。

2. $HgCl_2$ 试液　取 $HgCl_2$ 6.5g，加水使溶液成100ml，即得。

3. $H_2SO_4-H_3PO_4$ 混合酸　浓硫酸150ml 缓缓加入700ml 水中，冷却后加入浓磷酸150ml。

4. 0.2%二苯胺磺酸钠指示液　取二苯胺磺酸钠指示剂0.2g，加水使溶液成100ml，即得。

（二）$K_2Cr_2O_7$ 标准溶液配制

取已干燥恒重的 $K_2Cr_2O_7$（基准）0.5g，精密称定，置小烧杯中，加水溶解后全部转移至100ml 容量瓶中，用水稀释至刻度，摇匀，即得。

（三）铁含量测定

取黑氧化铁粉0.15g，精密称定，置250ml 具塞锥形瓶中，加盐酸溶液30ml，加热使溶解，继续加热至微沸，滴加10% $SnCl_2$ 溶液至溶液颜色恰变为无色，再多加1滴，加蒸馏水50ml，放冷，加 $HgCl_2$ 试液4ml，摇匀，再加 $H_2SO_4-H_3PO_4$ 混合酸20ml，加0.2%二苯胺磺酸钠指示液6滴，立即用 $K_2Cr_2O_7$ 标准溶液滴定至溶液显紫蓝色，并持续30s，即为终点。记录消耗 $K_2Cr_2O_7$ 标准溶液的体积，计算含量（以 Fe_3O_4 计）。平行测定三次，要求相对平均偏差应小于0.2%。

五、数据记录及处理

参见本章实验八。

六、注意事项

1. 蒸馏水应在还原前准备好，还原完毕，需立即加入。
2. 加入 $SnCl_2$ 量要适当。

七、思考题

1. 本实验测定铁的主要原理是什么？试述本实验中各试剂的作用。
2. 为什么在用 $SnCl_2$ 还原 Fe^{3+} 时之前要加酸，需加热而又不能沸腾？如出现沸腾时对结果有什么影响？

第四章　仪器分析实验

实验一　酸度计操作与溶液 pH 测定

一、目的要求

1. 掌握两次测量法测定溶液 pH 的基本操作。
2. 熟悉酸度计的使用方法及注意事项。
3. 巩固直接电位法的有关知识及应用。

二、实验提要

以玻璃电极为指示电极，饱和甘汞电极为参比电极，与待测溶液组成电池；或用复合玻璃电极与待测溶液组成电池，可用酸度计测定溶液 pH。

（－）内参比 | HCl（0.1mol/L） | 玻璃膜 | 试液（$a_{H^+}=?$） ‖ KCl | 参比（＋）

在 25℃时，$E=E_{参比}+E_j-E_{玻}=K'+0.0592pH$

酸度计是专用于测定 pH 的电位计，当将“pH－mV”选择置于“pH”档时，可将电动势直接转换成 pH 输出。使用时，先用标准缓冲液对仪器进行校正（定位），后换上待测溶液，pH 计就可显示供试液的 pH。

酸度计上每一 pH 示值间隔相当于（2.303RT/F）伏，随待测溶液的温度而变。因此，pH 计上均有温度补偿功能，测量前需将温度补偿置于待测溶液温度，以便校正温度差异产生的误差。

三、仪器与试剂

1. 仪器　精密酸度计，复合玻璃电极（或玻璃电极与饱和甘汞电极），小烧杯。

2. 样品　水溶液（pH 2～10 或 pH 4～12）。

四、实验步骤

（一）试剂的配制

1. 邻苯二甲酸氢钾标准缓冲剂（pH 4.0）　混合磷酸盐标准缓冲剂（pH 6.9），硼酸盐标准缓冲剂（pH 9.2）。

2. 邻苯二甲酸氢钾标准缓冲液（pH 4.0）　取邻苯二甲酸氢钾缓冲剂（pH 4.0）1 袋，加蒸馏水适量，超声使溶解，再加蒸馏水使成 250ml，即得。

3. 混合磷酸盐标准缓冲液（pH 6.9）　取混合磷酸盐缓冲剂（pH 6.9）1 袋，加蒸馏水适量，超声使溶解，再加蒸馏水使成 250ml，即得。

4. 硼酸盐标准缓冲液（pH 9.2）　取硼酸盐标准缓冲剂（pH 9.2）1 袋，加蒸馏水适量，超声使溶解，再加蒸馏水使成250ml，即得。

（二）准备

按照仪器使用说明书，准备标准缓冲溶液、电极，开机、预热。

（三）温度补偿

将待测溶液与标准缓冲溶液调至同一温度，记录该温度，按照仪器使用说明书操作，将温度调至该温度。

（四）定位

按照仪器使用说明书操作，用标准缓冲溶液定位。

（五）测定

先用蒸馏水仔细冲洗电极，再用待测溶液冲洗，然后将电极浸入待测溶液中，小心搅拌或摇动使其均匀，待读数稳定后记录读数，即为该待测溶液的pH。

（六）复原

测定完毕，关机；将电极用蒸馏水仔细冲洗，根据所用电极类型，按要求保存。

五、实验数据和结果

编号	1	2	平均值
pH			

六、注意事项

1. 认真预习仪器使用方法及注意事项，严格按照仪器使用说明书操作。

2. 标准缓冲液在不同温度时的pH见附录ⅠH。选择两份差值在3个pH单位的标准缓冲液，同时，与待测液pH应尽量接近，应小于3个pH单位；没污染的标准缓冲溶液可回收使用。

3. 复合玻璃电极在使用前应在3mol/L KCl溶液中浸泡8h以上，用毕，冲洗干净，浸泡在3mol/L KCl溶液中；玻璃电极在使用前应在蒸馏水中浸泡24h以上，用毕，冲洗干净，浸泡在蒸馏水中；玻璃电极球泡受污染时，可用稀盐酸溶解无机盐结垢，用丙酮除去油污（但不能用无水乙醇），处理的电极应在水中浸泡一昼夜再使用。注意电极的出厂日期，存放时间过长的电极性能将变劣。

4. 注意小心使用玻璃电极，以免玻璃膜受损，在将电极从一种溶液移入另一溶液之前，需用蒸馏水轻轻冲洗电极，并用滤纸将玻璃膜球表面的水吸干（请勿擦拭电极，否则会产生极化和响应迟缓现象）。使用时玻璃电极的球泡应全部浸入溶液中。

5. 甘汞电极的饱和氯化钾液面必须高于汞体，并应有适量氯化钾晶体存在，以保证氯化钾溶液的饱和。使用前必须先拔掉上孔胶塞。

七、思考题

1. 电极用毕，应将玻璃电极或复合玻璃电极作何处理？应怎样存放？

2. 测量样品溶液pH时，选择标准缓冲溶液的原则是什么？为什么？

实验二　弱酸的电位滴定

一、目的要求

1. 掌握电位滴定方法及确定终点的方法。
2. 学会用电位滴定法测定弱酸的 pK_a。
3. 巩固 pH 计及电极的使用。

二、实验提要

电位滴定法是利用滴定过程中电池电动势或指示电极电位的变化特点，确定终点的方法，可用于酸碱、沉淀、配位、氧化还原及非水等各种滴定。

酸碱电位滴定常用的指示电极为玻璃电极，参比电极为饱和甘汞电极（SCE），或用复合玻璃电极，用 pH 计测定滴定过程中溶液的 pH。

电位滴定时，记录滴定剂体积 V 和相应的 pH，按滴定曲线（pH－V）、一阶微商曲线（$\Delta pH/\Delta V - V'$）及二阶微商曲线（$\Delta^2 pH/\Delta V^2 - V''$）作图法计算法确定终点，从而计算出弱酸溶液的浓度。

电位滴定还可以测定弱酸、弱碱的离解常数。例如，碱滴定一元弱酸的 pH－V 曲线上，半计量点时溶液的 pH 即为该弱酸的 pK_a，如图 4－1 所示。

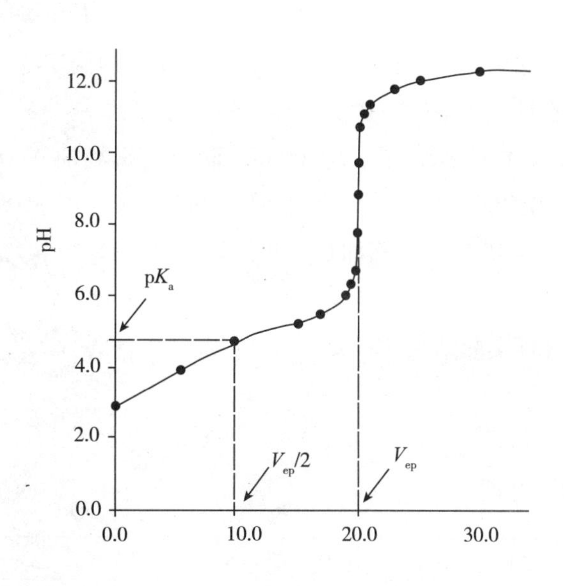

图 4－1　强碱滴定一元弱酸的滴定曲线

由　　$HA = H^+ + A^-$　　$K_a = [H^+][A^-]/[HA]$

半计量点时　　$V = V_{ep}/2$，　　$[HA] = [A^-]$

所以　　$K_a = [H^+]_{V_{ep}/2}$，　即　　$pK_a = pH_{V_{ep}/2}$

同理，多元酸 H_nA，$pK_{a1} = pH_{1/2V_{ep1}}$，$pK_{a2} = pH_{1/2V_{ep2}}$，……

三、仪器及试剂

1. 仪器　酸度计，玻璃电极和 SCE 或复合 pH 玻璃电极，电磁搅拌器，搅拌磁子，25ml 碱式滴定管，移液管，100ml 烧杯。

2. 试剂 冰醋酸（AR）或磷酸（AR），邻苯二甲酸氢钾标准缓冲剂（pH4.0），混合磷酸盐标准缓冲剂（pH6.9），邻苯二甲酸氢钾标准缓冲液（pH4.0）、混合磷酸盐标准缓冲液（pH6.9）（同本章实验一），NaOH 滴定液（0.1mol/L，同第三章实验七，已标定），酚酞指示液（同第三章实验六）。

3. 样品 0.1mol/L HAc 溶液，取冰醋酸约 6ml，加水使成 1000ml；（或 0.1mol/L H_3PO_4 溶液，取磷酸约 7ml，加水使成 1000ml。）

四、实验步骤

（一）开机、定位

接通电源，仪器预热 15min。用邻苯二甲酸氢钾标准缓冲溶液（pH4.0）和混合磷酸盐标准缓冲溶液（pH6.9）定位（操作方法同本章实验一酸度计的使用，按仪器使用说明书操作）。

（二）滴定

精密量取待测液适量于 100ml 烧杯中，放入搅拌磁子，插入电极（若电极玻璃膜未能浸没，可适当加入一些蒸馏水），开动电磁搅拌器，进行滴定，每滴定适量体积的滴定剂，记录滴定剂体积与 pH。（以下内容二选一）

1. HAc 溶液 量取 0.1mol/L HAc 溶液 20.00ml，加 2 滴酚酞指示液（作参考），测量并记录滴定前 HAc 溶液的 pH。用 NaOH 滴定液（0.1mol/L）进行滴定，开始阶段，每加 5ml、5ml、2ml、2ml……NaOH 滴定液记录一次滴定管读数与 pH，在接近计量点时（加入 NaOH 滴定液引起 pH 变化逐渐增大），每次加入体积逐渐减少（1ml、1ml……0.2ml、0.2ml……0.1ml、0.1ml……），计量点过后，继续滴定至适当量，每次加入体积可对称于计量点前逐渐增大，记录相应的滴定体积与 pH。当 pH > 11 后，停止滴定（为方便数据处理，在计量点前后每次加入体积最好相等）。

2. 磷酸溶液 量取 0.1mol/L H_3PO_4 溶液 10.00ml，滴定时每滴加 NaOH 滴定液（0.1mol/L）2ml 记录一次滴定管读数和 pH。当溶液 pH > 3 后，每滴加 0.2ml 记录一次 pH，当溶液 pH > 6 后，每滴加 1ml 记录一次 pH，当溶液 pH > 7.5 后，每滴加 0.2ml 记录一次 pH。当 pH > 11 后，停止滴定。

（三）复原

滴定完毕，仪器复原，处理实验结果。

五、数据记录及处理

1. 电位滴定的数据记录及处理

No	V（ml）	pH	ΔV	ΔpH	ΔpH/ΔV	V'	ΔV^2	Δ^2pH	Δ^2pH/ΔV^2	V''
1	0.00	2.88								
2	5.00									
3	10.00									

2. 根据表中数据绘制滴定曲线（pH - V）、一阶微商曲线（ΔpH/ΔV - V'）及二阶微商曲线

（$\Delta^2pH/\Delta V^2-V''$），确定相应的终点 V_{ep}。

3. 由表中 $\Delta^2pH/\Delta V^2-V''$ 相应数据，用内插法计算滴定终点时 NaOH 滴定液消耗体积 V_{ep}，并由 NaOH 滴定液的准确浓度，计算酸溶液的浓度。

4. 由 pH－V 曲线上找出半计量点时溶液的 pH，即为 HAc 的 pK_a［或 H_3PO_4（pK_{a1}、pK_{a2}］。

六、注意事项

1. 认真预习仪器使用方法及使用注意事项。
2. 测量电极应插入烧杯的底部，防止搅拌磁子损坏玻璃膜球。
3. pH 计及电极使用注意事项参见本章实验一的注意事项。
4. 为方便数据处理，滴定管起始体积调节为 0.00ml，并在计量点前后每次加入相等体积的 NaOH 溶液。

七、思考题

1. 如何根据 pH－V、$\Delta pH/\Delta V-V'$、$\Delta^2pH/\Delta V^2-V''$ 作图法确定终点？如何按 $\Delta^2pH/\Delta V^2-V''$ 计算法确定终点？
2. 试计算滴定前酸溶液的 pH，并与实测值比较。
3. 通过实验和数据处理，体会为何计量点前后加入相等的 NaOH 体积？
4. 试设计测定弱碱 $NH_3\cdot H_2O$ 的 pK_b。

实验三　永停滴定法测定碘量法滴定液浓度

一、目的要求

1. 巩固永停滴定法测定溶液浓度的原理与方法。
2. 练习永停滴定法的操作与终点确定方法。

二、实验提要

永停滴定法是将两支完全相同的铂电极插入待测溶液中，在两电极间外加一小电压（10～20mV），根据可逆电对有电流产生，不可逆电对无电流产生的现象，通过观察滴定过程中电流变化特征来确定滴定终点的方法。此法装置简单，准确度高，确定终点方法简便。

本实验采用 I_2 溶液与 $Na_2S_2O_3$ 溶液反应，练习永停滴定法测定溶液浓度的操作方法。两者反应为：

$$I_3^-+2S_2O_3^{2-} = S_4O_6^{2-}+3I^-$$

1. I_2 溶液滴定 $Na_2S_2O_3$ 溶液　化学计量点前，溶液中有 $S_4O_6^{2-}/S_2O_3^{2-}$ 不可逆电对存在，无电解反应发生，化学计量点稍过，溶液中有 I_2/I^- 可逆电对，即有电解电流通过两电极，发生电解反应，电流突然增大，并且随着 I_2/I^- 可逆电对数目的增多，电流也随之增大（图 4－2），因此 I_2 溶液滴定 $Na_2S_2O_3$ 溶液时，以电流计指针突然偏转并且不再回到原位，确定终点。

2. $Na_2S_2O_3$ 溶液滴定 I_2 溶液　化学计量点前，溶液中有 I_2/I^- 可逆电对，电解电流通过两电极，发生电解反应，有电流，但随着滴定的进行，I_2/I^- 可逆电对数目减少，到达化学计量点或稍过，溶液中

有 $S_4O_6^{2-}/S_2O_3^{2-}$ 不可逆电对存在，无电解反应发生，电流为零（图4-3），因此 $Na_2S_2O_3$ 溶液滴定 I_2 溶液，以电流计指针突然偏转并且不再回到原位，确定终点。

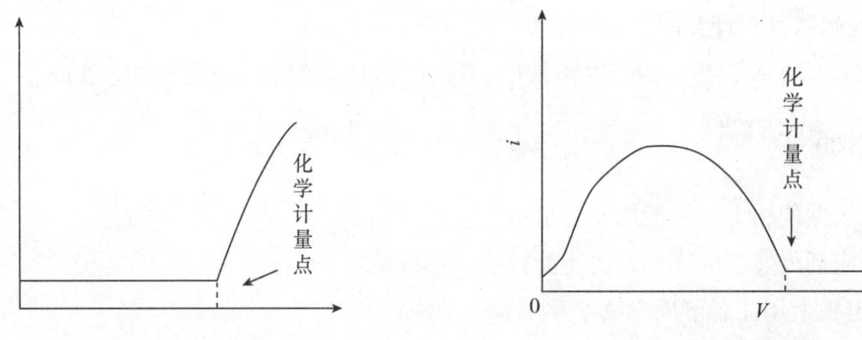

图4-2　I_2 滴定 $Na_2S_2O_3$ 的滴定曲线

图4-3　$Na_2S_2O_3$ 滴定 I_2 的滴定曲线

三、仪器与试剂

1. 仪器　永停滴定仪，铂电极，电磁搅拌器，搅拌磁子，25ml 酸式滴定管（棕色），20ml 移液管，100ml 烧杯。

2. 试剂　$Na_2S_2O_3$（AR），I_2（AR），$Na_2S_2O_3$ 滴定液（0.1mol/L）（同第三章实验十九），0.05mol/L I_2溶液（同第三章实验二十一）。

四、实验步骤

（一）开机

安装仪器，打开电源，预热，根据仪器使用说明书操作规程操作仪器。

（二）滴定

1. I_2 溶液滴定 $Na_2S_2O_3$ 溶液　精密量取 $Na_2S_2O_3$ 滴定液（0.1mol/L）20ml 于 100ml 烧杯中，放入搅拌磁子，置于电磁搅拌器上。在溶液中插入两根铂电极，接上永停滴定仪，调电流计电流指零。在电磁搅拌下，开始用 0.05mol/L I_2 溶液滴定，当电流计指针突然偏转并且不再回到原位时，即为终点。记录滴定体积，计算 I_2 溶液浓度。

2. $Na_2S_2O_3$ 溶液滴定 I_2 溶液　精密量取 0.05mol/L I_2 溶液 20ml 于 100ml 烧杯中，放入搅拌磁子，置于电磁搅拌器上。在溶液中插入两根铂电极，接上永停滴定仪，调电流计电流指最大。在电磁搅拌下，开始用 $Na_2S_2O_3$ 滴定液（0.1mol/L）滴定，当电流计指针突然偏转并且不再回到原位时，即为终点。记录滴定体积，计算 I_2 溶液浓度。

（注：本实验也可以用 I_2 滴定液测定 $Na_2S_2O_3$ 溶液的浓度）

（三）复原

滴定完毕，仪器归位，处理实验结果。

五、数据记录及处理

参见第三章相应实验的数据记录及处理。

六、注意事项

1. 永停滴定仪的安装与操作参照仪器说明书。

2. 铂电极应完全浸入液面下，但不要触及器皿底部，以免损坏。

七、思考题

1. 比较本方法与指示剂法的优缺点。
2. 永停滴定法适用的反应类型有哪些?

实验四　紫外－可见分光光度计操作与性能检验

一、目的要求

1. 掌握紫外－可见分光光度计一般性能检验及操作方法。
2. 掌握比色皿配对和校正值测定的方法。
3. 熟悉紫外－可见分光光度计的组成。

二、实验提要

分光光度计的性能好坏，直接影响到测定结果的准确性，因此新购仪器及使用一定时间后，均需进行检验调整。

1. 比色皿配对　相同规格的比色皿，由于材料、工艺及使用磨损等原因，使透光率有差异，影响测定结果准确性，因此需选择配对的使用。配对比色皿间百分透光率之差应小于0.5%，可在比色皿中装入同一溶液，通过测定百分透光率进行判断。

2. 比色皿校正　实验时遇到比色皿不配对的现象，需进行校正。可在各比色皿中装入同一溶液，在样品测定波长处，测定各比色皿的吸光度作为校正值。

3. 稳定性　仪器的稳定性是检查方面之一，要求连续多次测定结果的RSD≤2%，则符合要求。

4. 吸光度准确度　由于温度变化对机械部分的影响，仪器的工作波长会略有变动，从而影响吸光度的准确度。可以标准物质吸光度检查吸光度的准确度，常采用0.005mol/L硫酸溶液制2×10^{-4}mol/L $K_2Cr_2O_7$溶液，在规定波长处测定吸光度，计算其百分吸收系数，与规定值（表4－1）进行比较、判断。

表4－1　$K_2Cr_2O_7-H_2SO_4$溶液规定波长处的吸收系数

波长（nm） 吸收系数$E_{1cm}^{1\%}$	235（最小）	257（最大）	313（最小）	350（最大）
规定值	124.5	144.0	48.6	106.6
范　围	123.0～126.0	142.8～146.2	47.0～50.3	105.5～108.5

三、仪器与试剂

1. 仪器　紫外－可见分光光度计或可见分光光度计，比色皿（1cm）。

2. 试剂　$K_2Cr_2O_7$（基准），浓硫酸（AR）。

四、实验步骤

（一）试剂的配制

1. 2×10^{-4}mol/L $K_2Cr_2O_7$ 溶液 取在120℃干燥至恒重的基准重铬酸钾约60mg，精密称定，置1000ml容量瓶中，用0.005mol/L硫酸溶液溶解并稀释至刻度，摇匀，即得。

2. 0.005mol/L 硫酸溶液 取0.3ml浓硫酸，慢慢加到盛有1000ml蒸馏水的烧杯中，混匀，即得。

（二）开机、预热

按照仪器使用说明书，操作使用仪器，开机、预热仪器，设置仪器参数（选择光源、波长、显示方式等）。

（三）性能检验

1. 比色皿的配对性 将0.005mol/L硫酸溶液分别盛装于厚度相同的4个比色皿中，依次放入样品室的比色皿架，以参比池为100% T，在350nm波长处依次测定其他各样品池的百分透光率，根据百分透光率差值判断比色皿的配对性（选择百分透光率 T% 之差小于0.5%的比色皿使用）。

2. 比色皿的校正 若有显著差异（T% 相互间超过0.5%），则将比色皿重新洗涤后再盛装空白溶液测试（可多次洗涤，使 T% 一致）。若难以通过洗涤校正，则以透光率最大的比色皿为参比（100% T），测定其余各比色皿的吸光度，作为各比色皿的校正值（A_0）。（测定样品溶液时，以上述透光率最大的比色皿盛装空白溶液作参比，用其他各比色皿盛装样品溶液，测得的吸光度减去其相应的 A_0，注意比色皿依次对应）。

3. 仪器稳定性 在350nm波长处，以0.005mol/L硫酸溶液为参比溶液（100% T），即参比池的吸光度为0.000，测定样品池 2.0×10^{-4}mol/L $K_2Cr_2O_7$ 溶液的吸光度，连续测定7次，根据相对标准偏差判断（RSD≤2%）。

4. 吸光度准确度 在350nm波长处，以0.005mol/L硫酸溶液为空白溶液作参比，参比池的吸光度为0.000，测定样品池 2.0×10^{-4}mol/L $K_2Cr_2O_7$ 溶液的吸光度 A（若不配对，减去相应比色皿的校正值 A_0），计算其百分吸收系数，与规定值进行比较、判断。

（四）复原

实验完毕，关机、归位，清洁。登记仪器使用记录。

五、数据记录及处理

1. 配对性与校正值

比色皿	参比	样1	样2	样3
T%	100			
A_0	0.000			

2. 稳定性

测定次数	1	2	3	4	5	6	7
A							
RSD（%）							
结 论							

3. 吸光度准确度

比色皿	样1	样2	样3
A_0			
$A_{读}$			
$A_{测}$			
ε			
$E_{1cm}^{1\%}$			
结论			

六、注意事项

1. 认真预习仪器使用方法及使用注意事项（参见第二章）。
2. 操作比色皿拉杆时不得转动拉杆，并注意拉的节奏，不可粗暴操作。
3. 每次改变测定波长后，均应重新进行比色皿配对或校正值测定。
4. 每个测量周期，均应重新调节参比池的“100% *T*”。
5. 比色皿使用时应注意光面外壁不能有指印或不洁，所加溶液不宜太满，一般加至比色皿容积的2/3 ~ 4/5，比色皿每次使用完毕后，应立即用蒸馏水洗净，倒扣在吸水纸上晾干。若溶液具有挥发性，应将比色皿加盖。
6. 仪器使用完毕，应将干燥剂归位，做好使用登记。

七、思考题

1. 同规格比色皿透光度的差异对测定结果有何影响？
2. 使用紫外 - 可见分光光度计时，应注意哪些问题？

实验五　邻二氮菲法测定微量铁含量

一、目的要求

1. 掌握紫外 - 可见分光光度法用标准曲线法进行定量测定的方法。
2. 熟悉邻二氮菲测定 Fe^{2+} 的原理和方法。
3. 熟悉吸收系数的测定方法。
4. 巩固紫外 - 可见分光光度计的操作。

二、实验提要

Fe^{2+} 与有机配位剂邻二氮菲（又称邻菲罗啉）形成橘红色配合离子，在 pH 为 2 ~ 9 的溶液中稳定。Fe^{3+} 在盐酸羟胺存在下被还原为 Fe^{2+}，可与邻二氮菲迅速形成橘红色配合离子。生成的配离子在 510nm 处有强吸收（$\varepsilon = 1.11 \times 10^4$），在一定浓度范围内，吸光度与铁离子浓度成正比。因此，可采用标准曲线法进行定量分析。有关反应为：

$$4Fe^{3+} + 2NH_2OH = 4Fe^{2+} + 4H^+ + N_2O + H_2O$$

$$3\,\text{phen} + Fe^{2+} \rightleftharpoons [Fe(phen)_3]^{2+}$$

百分吸收系数是指当溶液浓度为1%（g/100ml），液层厚度为1cm时，在一定波长处的吸光度，可由标准曲线的斜率获得。

三、仪器与试剂

1. 仪器 紫外-可见分光光度计，比色皿（1cm），分析天平（0.1mg），容量瓶，移液管，量杯，烧杯。

2. 试剂 $FeSO_4 \cdot (NH_4)_2SO_4 \cdot 6H_2O$（AR），邻二氮菲（AR），盐酸羟胺（AR），醋酸钠（AR），冰醋酸（AR），盐酸（AR）。

3. 样品 自来水、井水或河水（或蒸馏水中加少量铁离子配制）或。

四、实验步骤

（一）试剂的配制

1. 0.1%邻二氮菲水溶液 称取0.1g邻二氮菲，用少许乙醇溶解，加水溶解使成100ml，即得（现用新配）。

2. 1%盐酸羟胺水溶液 称取1g盐酸羟胺，加水溶解使成100ml，即得（新鲜配制）。

3. 0.1mol/L HCl溶液 取盐酸（AR）0.9ml于100ml水中即得。

4. NaAc-HAc缓冲溶液（pH 4.5） 取醋酸钠18g与冰醋酸9.8ml，加水稀释至1000ml，即得。

5. 铁标准溶液 取$(NH_4)_2SO_4 \cdot FeSO_4 \cdot 6H_2O$约0.1g，精密称定，置于小烧杯中，用0.1mol/L HCl溶液溶解，全部转移至1000ml容量瓶中，并稀释至刻度，摇匀，即得。

（二）溶液制备

1. 系列标准溶液制备 分别精密量取铁标准溶液1ml、2ml、3ml、4ml、5ml于25ml容量瓶中，加入1%盐酸羟胺5ml，摇匀，2min后依次加入NaAc-HAc缓冲溶液（pH 4.5）5ml，0.1%邻二氮菲溶液3ml，用水定容，摇匀，放置10min；同时做试剂空白。

2. 供试品溶液制备 精密量取澄清水样5ml（相当于含铁50μg），置于25ml容量瓶中。照“系列标准溶液制备”项下的显色方法，制备供试品溶液。

（三）测定

1. 开机准备 按照仪器使用说明书操作，开机、预热，设置测定参数。

2. 选择测量波长 以试剂空白作为参比溶液，在500~520nm，每5nm波长，测定“系列标准溶液制备”中浓度最高者的吸光度，选择吸光度最大处对应的波长作为测量波长。（或在360~650nm范围内进行光谱扫描，得到吸收曲线，以最大吸收波长λ_{max}为测量波长。）

3. 吸光度测定 以试剂空白作为参比溶液，在测量波长处依次测定每份标准溶液的吸光度（由小到大依次测量）与供试品溶液的吸光度。

（四）复原

实验完毕，关机、归位，清洁，登记仪器使用记录。

五、数据记录及处理

1. 标准曲线 记录系列标准溶液及供试品溶液的吸光度，以测得的各标准溶液的吸光度A为纵坐标，浓度 c 为横坐标，计算回归方程，并计算百分吸收系数。

2. 总铁含量　根据标准曲线求出水中总铁含量。

容量瓶号	1	2	3	4	5	样品1	样品2
A_0							
$A_{读}$							
$A_{测}$							
c（g/L）							
回归方程				相关系数 r			
百分吸收系数							

六、注意事项

1. 注意吸收池（比色皿）的配对性及遵守平行原则。
2. 在测定系列标准溶液吸光度时，要从稀溶液至浓溶液进行测定。
3. 显色时，若酸度过高（$pH<2$）显色缓慢而色浅；若酸度过低，二价铁离子易水解。

七、思考题

1. 根据邻二氮菲亚铁配离子的吸收曲线，其 λ_{max} 为 510nm。本次实验中实际测得的最大吸收波长是多少？若有差别，试作解释。

2. 试根据制作标准曲线测得的数据判断本次实验的浓度与吸光度间线性相关性；分析其原因。

3. 根据实验数据计算邻二氮菲亚铁配离子在最大吸收波长处的摩尔吸收系数，若与文献值差别较大，试作解释。

实验六　显色法测定溶液中芦丁浓度

一、目的要求

1. 掌握紫外－可见分光光度法应用于有色物质定量分析的方法。
2. 掌握显色反应的操作方法。
3. 熟悉吸收系数的测定方法。
4. 巩固紫外－可见分光光度计的操作。

二、实验提要

显色反应需要具备良好的重现性与灵敏性，需要控制反应条件，包括溶剂种类、试剂用量、溶液酸碱度、反应时间和显色时间等。芦丁为黄酮苷，能与 Al^{3+} 生成黄色配合物，在 $NaNO_2$ 的碱性溶液中呈红色，在 510nm 波长处有最大吸收。因此可通过显色反应，用分光光度法测定芦丁，但应注意控制反应时间、显色时间及试剂用量。

分光光度法的定量分析方法一般采用标准曲线法、对照法及吸收系数法。本实验采用前两种方法。

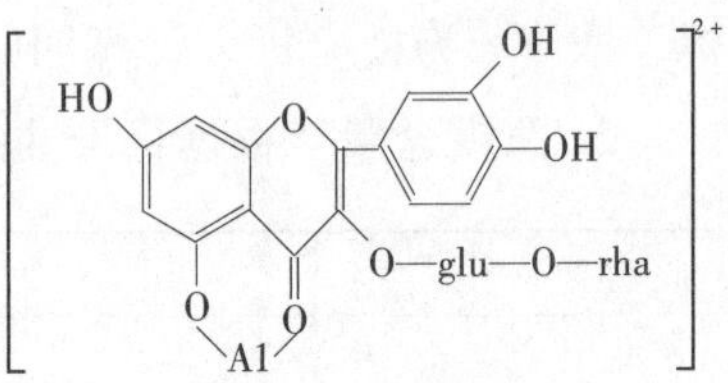

（1）标准曲线法　通过测定系列对照品溶液的吸光度，计算回归方程，并在相同条件下测定供试品溶液的吸光度，由回归方程计算供试品溶液中芦丁的浓度 c_x（g/L）。

（2）对照法　若标准曲线过原点，可选用一个浓度对照品溶液测定吸光度，并在相同条件下测定供试品溶液的吸光度，根据吸光度与浓度成正比例关系，计算供试品溶液中芦丁的浓度 c_x（g/L）。

$$c_x = \frac{A_x}{A_R} \times c_R \qquad c_{样} = c_x \times D\ (g/L)$$

式中，D 为样品的稀释倍数。

三、仪器与试剂

1. 仪器　紫外－可见分光光度计，分析天平（0.01mg），比色皿（1cm），100ml 和 10ml 容量瓶，移液管。

2. 试剂　芦丁（≥98.5%），乙醇（AR），亚硝酸钠（AR），硝酸铝（AR），氢氧化钠（AR）。

3. 样品　芦丁溶液（含芦丁约 0.1g/L）。

四、实验步骤

（一）试剂的配制

1. 0.1g/L 芦丁对照品溶液　取在 120℃减压干燥至恒重的芦丁对照品 10mg，精密称定，置 100ml 容量瓶中，加 30% 乙醇适量，超声溶解，放冷，加 30% 乙醇至刻度，摇匀，即得。

2. 30%乙醇溶液　取乙醇 30ml 于 100ml 量筒，加蒸馏水，边加边搅，并用酒精计测量，至酒精计指示在 30%。

3. 5%亚硝酸钠溶液　称取亚硝酸钠 5g，加蒸馏水溶解使成 100ml，即得。

4. 10%硝酸铝溶液　称取硝酸铝 5g，加蒸馏水溶解使成 100ml，即得。

5. 1mol/L NaOH 溶液　称取 NaOH 4.2g，加蒸馏水溶解使成 100ml，即得。

（二）溶液制备

1. 系列标准溶液制备　精密量取 0.1g/L 芦丁对照品溶液 1ml、2ml、3ml、4ml、5ml，分别置于 10ml 容量瓶中，各加 30% 乙醇使成 5ml，后加入 5% 亚硝酸钠溶液 0.3ml，充分摇匀，5min 后各精密加入 10% 硝酸铝溶液 0.3ml，充分摇匀，再 5min 后各加 1mol/L 氢氧化钠溶液 4ml，用蒸馏水稀释至刻度，充分摇匀，5min 后测定；同时做试剂空白。

2. 供试品溶液　精密量取芦丁样品溶液（0.1g/L）3ml，置 10ml 容量瓶中，按“系列标准溶液制备”项下自“各加 30% 乙醇使成 5ml”起，至“5min 后测定”相应的方法操作。

（三）吸光度 A 测定

1. 开机、预热　按仪器说明书操作。

2. 选择测量波长　以试剂空白作为参比溶液，在 500～520nm，每 5nm 波长，测定“系列标准溶液制备”中最高浓度溶液的吸光度，选择吸光度最大处对应的波长作为测量波长（或在 360～650nm 范围内进行光谱扫描，得到吸收曲线，以最大吸收波长 λ_{max} 为测量波长）。

3. 校核比色皿　参见本章实验四，在 λ_{max} 处测定 A_0。

4. 测定吸光度　以试剂空白作为参比溶液，在测量波长处，从低到高依次测定“系列标准溶液制备”项下的各对照品溶液与供试品溶液的吸光度 $A_{读}$，并记录，减去相应的 A_0，即得各溶液的吸光度 $A_{测}$。

（四）仪器复原

实验完毕，关机，仪器归位，登记使用记录；清洗比色皿与容量瓶等。

五、数据记录及处理

参见本章实验五数据记录表格。

要求：

（1）计算回归方程和相关系数（r），并计算百分吸收系数。

（2）用标准曲线法计算样品中芦丁浓度。

（3）以“系列标准溶液”的中浓度为对照品溶液，用对照法计算样品中芦丁浓度。

六、注意事项

1. 如测定时室温低，芦丁有析出现象，可微热使其溶解。
2. 本显色反应为配位反应，反应速度较慢，故每加入一种试剂后应充分振摇，以利于反应完全。
3. 必须按实验步骤的顺序依次加入各种试剂，否则将不显色。

七、思考题

1. 显色反应有哪些影响因素？试述本实验显色反应所加各试剂的作用。

2. 怎样判断本次实验中浓度与吸光度间的线性关系？根据结果分析其原因；试比较用标准曲线法与对照法定量的优缺点。

3. 根据资料，该芦丁配合物的 λ_{max} 为 510nm。本次实验中实际测得的最大吸收波长是多少？若有差别，试作解释。

4. 怎样测定吸收系数，有哪些方法？

实验七 $KMnO_4$ 紫外 – 可见吸收曲线绘制与含量测定

一、目的要求

1. 掌握有色物质含量测定的方法与吸收系数测定的方法。
2. 熟悉紫外 – 可见吸收曲线的绘制及最大吸收波长 λ_{max} 的选择。
3. 巩固紫外 – 可见分光光度计的使用。

二、实验提要

$KMnO_4$ 水溶液呈紫色，其吸收曲线可以通过配制适宜的浓度利用双波长或双光束紫外 – 可见分光光度计在一定波长范围内扫描得到；也可以用单光束紫外 – 可见分光光度计，选择在适宜的波长分别测定吸光度，绘制吸光度 – 波长曲线而得到（图 4 – 4）。由其吸收曲线可查找最大吸收波长 λ_{max}。

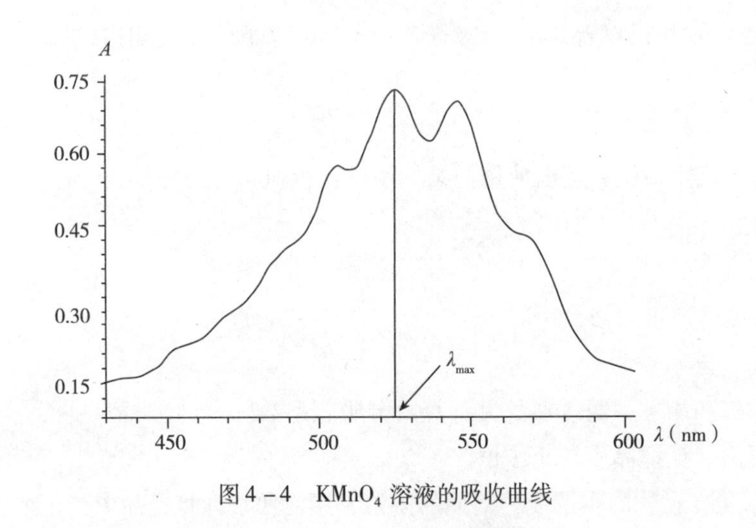

图4-4 $KMnO_4$ 溶液的吸收曲线

根据L-B定律，在最大吸收波长 λ_{max} 处测定系列浓度标准溶液的吸光度 A，由标准曲线的斜率可获得吸收系数，测定样品溶液的吸光度 A，可计算得到样品含量。

三、仪器与试剂

1. 仪器 紫外-分光光度计，比色皿（1cm），分析天平（0.1mg），容量瓶，移液管，小烧杯，量筒。

2. 试剂 $KMnO_4$（基准）。

3. 样品 $KMnO_4$。

四、实验步骤

1. $KMnO_4$ 标准溶液的配制 取在120℃干燥至恒重的基准 $KMnO_4$ 0.12g，精密称定，置小烧杯中，用蒸馏水溶解后全部转移至1000ml容量瓶，并稀释至刻度，摇匀，即得。

2. 开机 按仪器操作规程操作，开机、预热，设置测定条件，将比色皿进行校核。

3. 吸收曲线绘制 精密量取 $KMnO_4$ 标准溶液10ml于25ml容量瓶，加蒸馏水至刻度，摇匀，以蒸馏水作为参比溶液，在波长430~630nm之间，每隔10nm依次测定吸光度 A，其中在波长510~570nm之间，每隔5nm依次测定吸光度 A，以波长 λ 为横坐标，吸光度 A 为纵坐标，绘制吸收曲线；并从吸收曲线查找最大吸收波长 λ_{max}（约525nm）（或在360~700nm范围内进行光谱扫描，得到吸收光谱图，以最大吸收波长 λ_{max} 为测量波长）。

4. 标准曲线绘制 精密量取 $KMnO_4$ 标准溶液1ml、2ml、3ml、4ml、5ml分别置于25ml容量瓶，用蒸馏水稀释到刻度，摇匀。以蒸馏水作为参比溶液，在最大吸收波长处，依次测定各溶液的吸光度 A。以浓度 c 为横坐标，吸光度 A 为纵坐标，绘制标准曲线。由标准曲线斜率得 $KMnO_4$ 在最大吸收波长（525nm）处的百分吸收系数、摩尔吸收系数。

5. 样品测定 取 $KMnO_4$ 样品约0.1g，精密称定，溶解后全部转移至100ml容量瓶中，加蒸馏水稀释到刻度，精密量取5ml（约0.5mg $KMnO_4$）于25ml容量瓶中，加水稀释至刻度，摇匀，以蒸馏水作为参比溶液，同法测定相应的吸光度 A，由标准曲线计算样品含量。

6. 仪器复原 实验完毕，关机，仪器归位，登记使用记录；清洗比色皿与容量瓶等。

五、数据记录与处理

1. 吸收曲线的测绘（$T_{水}=100\%$）。

λ（nm）	430	440	450	460	470	480	490	500	510	515	520	525	530	535
A														
λ（nm）	540	545	550	555	560	565	570	580	590	600	610	620	630	
A														

2. 标准曲线、吸收系数及含量　数据记录表格参见本章实验五。

要求：

（1）计算回归方程和相关系数（*r*），并计算百分吸收系数。

（2）用标准曲线法计算样品含量。

六、注意事项

1. 比色皿应清洗干净，操作时手拿吸收池的毛面。
2. 测量前两个吸收池需配对并校正。

七、思考题

1. 本实验在操作中应注意哪些问题？
2. 选择测定波长时的原则是什么？
3. 吸收系数的大小与测定结果的灵敏度、准确度是否有关？

实验八　丹皮酚紫外吸收曲线绘制与含量测定

一、实验目的

1. 掌握绘制化合物紫外 - 可见吸收曲线与测定吸收系数的方法。
2. 掌握紫外分光光度计的定量方法及药物含量的测定方法。
3. 巩固紫外 - 可见分光光度计的操作。

二、实验提要

在一定条件下，化合物的紫外 - 可见吸收曲线的形状、吸收峰数目及位置（λ_{max}或λ_{min}）均一定，可以作为鉴别化合物的依据。吸收曲线可以通过配制适宜的浓度利用双波长或双光束紫外 - 可见分光光度计在一定波长范围内扫描得到，也可以用单光束紫外 - 可见分光光度计在不同波长处分别测定吸光度，绘制吸光度 - 波长曲线而得到。

根据 L - B 定律，可通过在一定波长处测定一定浓度溶液的吸光度计算得到，即 $E_{1cm}^{1\%}(\lambda)=A/cl$ [100ml/(g · cm)]。《中国药典》常采用百分吸收系数计算药物含量。

按《中国药典》规定，丹皮酚注射液含丹皮酚应为标示量的95.0% ~105.0%。市售丹皮酚注射液的标示量为每1ml 含丹皮酚5mg。《中国药典》规定吸收系数 $E_{1cm}^{1\%}$(274.0nm) 为908，可通过利用丹皮酚在274nm波长处测得吸光度进行计算含量。计算公式：

$$c_x = \frac{A_{274nm}}{E_{1cm}^{1\%} \cdot l} \times 10 \ (mg/ml)$$

$$标示含量 = \frac{c_x \times D \times \bar{V}}{c_0 \times V} \times 100\%$$

式中，D注射液稀释倍数；$\bar{V}$（ml）为平均装量；V（ml）为标示装量；c_0（mg/ml）为标示量。

三、仪器与试剂

1. 仪器 紫外－可见分光光度计，石英比色皿（1cm），分析天平（0.01mg），容量瓶，移液管。

2. 试剂 丹皮酚对照品（含量≥98.5%），95%乙醇（AR）。

3. 供试品溶液 精密量取丹皮酚注射液（标示量c_0＝5mg/ml）1ml于100ml容量瓶，加乙醇至刻度，摇匀后，精密量取1ml于10ml容量瓶，加乙醇至刻度，摇匀，备用。

四、实验步骤

（一）0.5mg/100ml丹皮酚溶液

取丹皮酚对照品10mg，精密称定，于100ml容量瓶，用乙醇溶解并稀释至刻度，摇匀后，精密量取5ml于100ml容量瓶中，加乙醇至刻度，摇匀，即得。

（二）开机

按仪器操作规程操作，开机、预热，设置测定条件，将比色皿进行校核。

（三）测定

1. 绘制吸收曲线 将0.5mg/100ml丹皮酚溶液与乙醇（参比溶液）分别用两个相同厚度的石英比色皿盛装后，放置在比色架上，按仪器使用方法进行操作。从230～290nm范围内，先每隔10nm测定，找到波峰和波谷；在波峰和波谷附近，每隔2nm测量，记录不同波长下的吸光度，以波长为横坐标，吸光度为纵坐标，绘制吸收曲线（或在210～350nm范围内进行光谱扫描，得到吸收曲线）。

2. 测定吸收系数 上述溶液在274nm波长处测定其吸光度，计算百分吸收系数。

3. 测定含量 将供试品溶液盛装于在1cm石英比色皿，乙醇为参比溶液，在274nm波长处测定其吸光度，计算丹皮酚的浓度及标示百分含量，并判断产品是否合格。

（四）复原

关机、仪器归位，清洁，登记仪器使用记录。

五、数据记录及处理

1. 丹皮酚吸收曲线的测绘（$T_{乙醇}$＝100%）。

λ（nm）	230	240	250	260	270	280	290
A							
λ（nm）	272	274	276	278			
A							

2. 吸收系数与样品测定（λ＝274nm）。

丹皮酚溶液		注射液				
A	吸收系数	A	$c_{测}$	标示含量（%）	规定值	结论
					95.0%～105.0%	

六、注意事项

1. 进行测量时，比色皿需加盖，防止溶液挥发。
2. 绘制吸收曲线测定吸光度时，应由小到大调整测定波长，以防止空回引起测量误差。

七、思考题

1. 单色光不纯对于测得的吸收曲线有什么影响？
2. 比较百分吸收系数测定值与药典值的一致性，若有误差，分析来源。
3. 试比较用标准曲线法与吸收系数法定量的优缺点。

实验九　橙皮苷紫外吸收曲线绘制与含量测定

一、目的要求

1. 掌握紫外－可见分光光度计的使用。
2. 掌握吸收曲线的绘制方法；学会从吸收曲线上找到最大吸收波长 λ_{max}。
3. 掌握吸收系数的测定方法。
4. 掌握标准曲线法测定中药有效成分的方法。

二、基本原理

橙皮苷是中药陈皮的有效成分之一，有紫外吸收。本实验利用橙皮苷对照品溶液，绘制紫外吸收曲线，确定橙皮苷的紫外最大吸收波长 λ_{max}，并可计算该波长下的吸收系数。

利用标准对照法或标准曲线法测定中药陈皮中橙皮苷的百分含量。本实验利用标准曲线法测定中药陈皮中橙皮苷的百分含量。

三、仪器与试剂

1. 仪器　紫外－可见分光光度计，石英比色皿（1cm），容量瓶，移液管，小烧杯，超声波清洗机。

2. 试剂　橙皮苷对照品，乙醇（AR）。

3. 样品　陈皮药材。

四、实验步骤

（一）溶液制备

1. 橙皮苷对照品溶液　取橙皮苷对照品约10mg，精密称定，置100ml容量瓶中，加乙醇至刻度，摇匀，作为对照品溶液（母液）。

2. 系列标准溶液 分别精密量取1ml、2ml、3ml、4ml、5ml橙皮苷对照品溶液，置10ml容量瓶中，加乙醇至刻度，摇匀，备用。

3. 供试品溶液 取陈皮约0.3g，精密称定，置100ml磨口三角瓶中，精密加入乙醇50ml，加塞称重，超声提取15min后，放置室温，再称重，并用乙醇补足减失的重量，摇匀，滤过，精密量取续滤液1ml，置100ml容量瓶中，稀释至刻度，摇匀，即得。

（二）测定

1. 开机、预热，按照仪器使用方法进行操作，设置测定参数。

2. 吸收曲线绘制 选择仪器“扫描测量”功能。以乙醇作为参比溶液，以标准溶液浓度最大者为测量溶液，在210~350nm范围内进行光谱扫描，得到吸收曲线，找到最大吸收波长（λ_{max}）。（或从250~290nm范围内，先每隔10nm测定，找到波峰；在波峰附近，每隔2nm测量，记录不同波长下的吸光度A，以波长为横坐标，吸光度为纵坐标，绘制吸收曲线）。

3. 工作曲线测绘 选择仪器“定量测量”功能。以乙醇作为参比溶液，在λ_{max}处，依次测定各标准溶液的吸光度A。以浓度c为横坐标，吸光度A为纵坐标，得到回归方程。

4. 吸收系数 由回归方程斜率得在λ_{max}处的百分吸收系数。

5. 样品含量 以乙醇作为参比溶液，在λ_{max}处，测定供试品溶液吸光度A，由回归方程得供试品溶液浓度。依据称样量及稀释倍数计算样品含量。

五、数据记录和处理

数据记录表格参见本章实验五。

六、注意事项

1. 注意吸收池的配对及遵守平行原则。石英吸收池放置有方向性。
2. 正确选择使用参比溶液。

七、思考题

1. 紫外-可见分光光度法定量分析常用定量方法是什么？标准对照法与标准曲线法有何关联？
2. 如何应用紫外-可见分光光度法完成中药有效成分的含量测定？
3. 根据橙皮苷的吸收光谱，其λ_{max}为278nm。本次实验中实际测得的最大吸收波长是多少？若有差别，试作解释。

实验十 双波长等吸收法测定安钠咖注射液中咖啡因含量

一、目的要求

1. 熟悉双波长等吸收法选择测定波长（λ_1）和参比波长（λ_2）的方法。
2. 学会在单波长分光光度计上进行双波长法的测定。
3. 巩固等吸收法测定二元混合物中待测组分含量的原理与方法。

二、实验提要

安钠咖注射液由咖啡因和苯甲酸钠组成。

咖啡因与苯甲酸钠的吸收峰分别在272nm和在230nm处。测定咖啡因时，可得苯甲酸钠在272nm与253nm处的吸光度相等，则：

$$\Delta A = A_{272nm}^{咖+苯} - A_{253nm}^{咖+苯} = A_{272nm}^{咖} + A_{272nm}^{苯} - A_{253nm}^{咖} - A_{253nm}^{苯}$$
$$= (E_{272nm}^{咖} - E_{253nm}^{咖})c_{咖}\,l = \Delta E_{咖}\,c_{咖}\,l$$

式中：ΔA为混合物在λ_1与λ_2处的吸光度之差。$E_{272nm}^{咖}$、$E_{253nm}^{咖}$分别为待测组分在与λ_2处的吸收系数，可由对照品测得。$c_{咖}$为待测组分浓度；l为吸收池（比色皿）厚度。

ΔA仅与咖啡因浓度成正比，而与苯甲酸钠浓度无关，从而测得咖啡因的浓度。计算公式：

$$\frac{\Delta A_x}{\Delta A_R} = \frac{\Delta E c_x l}{\Delta E c_R l} = \frac{c_x}{c_R};\quad c_x = \frac{\Delta A_x}{\Delta A_R} \times c_R$$

$$咖啡因标示含量 = \frac{c_x \times 稀释倍数}{标示量} \times 100\%$$

规定：咖啡因标示量含量应在95%～105%。

三、仪器与试剂

1. 仪器　紫外－可见分光光度计，石英比色皿（1cm），分析天平（0.1mg），容量瓶，移液管。

2. 试剂　咖啡因对照品，苯甲酸钠对照品。

3. 样品　安钠咖注射液（每1ml中含无水咖啡因0.12g、苯甲酸钠0.13g）。

四、实验步骤

（一）溶液制备

1. 标准贮备液　取咖啡因和苯甲酸钠各0.1g，精密称定，分别置于100ml容量瓶中，用蒸馏水溶解，并稀释至刻度，摇匀，即得浓度为1mg/ml的贮备液，置于冰箱中保存。

2. 咖啡因标准溶液　精密量取咖啡因贮备液1ml，置于100ml容量瓶中，加水稀释至刻度，摇匀，即得。

3. 苯甲酸钠标准溶液　精密量取苯甲酸钠贮备液1ml，置于100ml容量瓶中，加水稀释至刻度，摇匀，即得。

4. 供试品溶液　精密量取安钠咖注射液1ml，置于100ml容量瓶中，加水稀释至刻度，摇匀。精密量取1ml，置于10ml容量瓶中，加水稀释至刻度。

（二）测定

1. 开机　按照仪器操作规程操作，开机、预热，设置参数，并进行比色皿的校核。

2. 咖啡因和苯甲酸钠标准溶液紫外吸收光谱　在紫外－可见分光光度计上，分别取咖啡因和苯甲酸钠标准溶液于1cm石英吸收池中，以蒸馏水为空白，在200～400nm范围内，扫描出紫外吸收光谱。

3. 干扰组分等吸收波长选择　从苯甲酸钠吸收光谱图上找出等吸收波长λ_1和λ_2（其中λ_1尽量与咖啡因的最大吸收波长一致）。

4. 咖啡因标准溶液　在紫外－可见分光光度计上，取咖啡因标准溶液于1cm石英比色皿，以蒸馏水为空白，分别在λ_1和λ_2处测定其吸光度。

5. 安钠咖供试品溶液　在紫外－可见分光光度计上，取安钠咖样品溶液于1cm石英比色皿，以蒸馏水为空白，分别在λ_1和λ_2处测其吸光度。

（三）仪器复原

测定完毕，关机，仪器复原，登记使用记录。

五、数据记录与处理

$c_{标}$ = ________

λ（nm）	对照品溶液		供试品溶液		$c_{样}$
	$A_{标}$	$\Delta A_{标}$	$A_{样}$	$\Delta A_{样}$	
272					
253					

（1）记录数据，计算 $c_{样}$。

（2）计算标示量，并判断产品是否合格。

六、思考题

1. 为什么紫外 - 可见分光光度法的等吸收点法可以不经分离直接测定二元混合物中待测组分含量？
2. 选择等吸收波长的原则是什么？怎样从吸收光谱图选择等吸收波长？

实验十一　双波长等吸收法测定复方片剂中磺胺甲噁唑含量

一、目的要求

1. 掌握双波长等吸收法测定复方制剂中组分含量的原理及方法。
2. 熟悉利用单波长分光光度计进行双波长法测定的方法。

二、基本原理

对于二元组分混合物中某一组分的测定，若干扰组分在两个波长处（λ_1 和 λ_2）具有相同的吸光度，且待测组分在这两个波长处的吸光度差别显著，则可采用“等吸收双波长消除法”消除干扰组分的影响，测定目标组分含量。

复方磺胺甲噁唑片含有磺胺甲噁唑（SMZ）和甲氧苄啶（TMP），SMZ 和 TMP 在 0.4% NaOH 溶液中的紫外吸收曲线如图 4 - 5 所示。SMZ 在 257nm 处有最大吸收，而在 304nm 处 A 值较小，$\Delta A_{SMZ} = A_{257nm}^{SMZ} - A_{304nm}^{SMZ}$ 较大，而 $A_{257nm}^{TMP} = A_{304nm}^{TMP}$，因此可选择 257nm 为测定波长、304nm 为参比波长，用已知浓度的 SMZ 对照品溶液测定在两个波长处的 ΔA 与浓度的比例常数 ΔE，即可测定出 SMZ 的含量。计算公式：

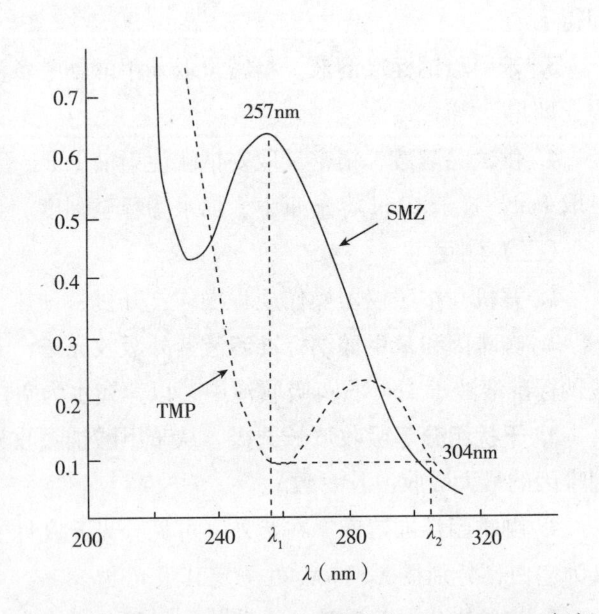

图 4 - 5　SMZ 和 TMP 的紫外吸收曲线（0.4% NaoH 溶液）

$$\Delta E_{SMZ} = \frac{A_{\lambda_1}^{SMZ} - A_{\lambda_2}^{SMZ}}{c_{SMZ}}; \qquad c_{样} = \frac{A_{\lambda_1}^{样} - A_{\lambda_2}^{样}}{\Delta E_{SMZ}} \ (g/100ml)$$

三、仪器与试剂

1. 仪器　紫外 - 可见分光光度计，石英比色皿（1cm），分析天平（0.01mg），容量瓶，移液管。

2. 试剂　磺胺甲噁唑与甲氧苄啶对照品，无水乙醇（AR），NaOH（AR）。

3. 样品　复方磺胺甲噁唑片。

四、实验步骤

（一）溶液制备

1. TMP 对照品溶液　取 105℃ 干燥至恒重的 TMP 约 10mg，精密称定，置烧杯中，加乙醇溶解，全部转移至 100ml 容量瓶中，加乙醇至刻度，摇匀。精密量取 2ml，置 100ml 容量瓶中，用 0.4% NaOH 溶液稀释至刻度，摇匀。

2. SMZ 对照品溶液　取 105℃ 干燥至恒重的 SMZ 约 50mg，精密称定，置烧杯中，加乙醇溶解，转移至 100ml 容量瓶中，加乙醇至刻度，摇匀。精密量取 2ml，置 100ml 容量瓶中，用 0.4% NaOH 溶液稀释至刻度，摇匀。

3. 供试品溶液　取复方磺胺甲噁唑片剂 10 片，研细，取粉末适量（相当于 SMZ 50mg），精密称定，置烧杯中，加乙醇溶解，转移至 100ml 容量瓶中，加乙醇至刻度，摇匀，滤过，精密量取续滤液 2ml 置 100ml 容容量瓶中，用 0.4% NaOH 溶液稀释至刻度，摇匀。

（二）测定

1. 开机　按仪器操作规程操作，开机、预热，设置测定条件；并进行比色皿的校核。

2. 绘制吸收曲线及确定等吸收点

（1）分别取 SMZ 和 TMP 对照品溶液适量，以 0.4% NaOH 溶液为参比，在 220 ~ 320nm 范围内进行光谱扫描，得 SMZ 和 TMP 对照品溶液吸收曲线。

（2）根据 SMZ 的吸收曲线，以 SMZ 最大吸收波长为测定波长 λ_1（约 257nm）；在 TMP 吸收曲线上，根据 $A_{\lambda_1}^{TMP}$，寻找 $A_{\lambda_1}^{TMP}=A_{\lambda_2}^{TMP}$ 点，初步确定 λ_2（约 304nm）。

（3）在光度测量模式下，以 λ_1（约 257nm）为测定波长，在 λ_2（约 304nm）附近选择几个波长，测定 TMP 对照品溶液的吸光度，准确找到 $A_{\lambda_1}^{TMP}=A_{\lambda_2}^{TMP}$ 点，保证 $\Delta A=A_{\lambda_1}^{TMP}-A_{\lambda_2}^{TMP}=0$，准确确定 λ_2。

3. 测定吸光度

（1）对照品溶液　以 0.4% NaOH 溶液为参比溶液，在 λ_1 和 λ_2 处，分别测定 SMZ 对照品溶液 $A_{\lambda_1}^{SMZ}$ 和 $A_{\lambda_2}^{SMZ}$。

（2）供试品溶液　以 0.4% NaOH 溶液为参比溶液，在 λ_1 和 λ_2 处，分别测定样品溶液 $A_{\lambda_1}^{样}$ 和 $A_{\lambda_2}^{样}$。

（三）仪器复原

实验结束，关机，仪器归位，清洁，仪器登记使用记录。

五、数据记录及处理

$m_{样}$ = ____________

$c_{标}$ = ____________ （g/100ml）

λ/ nm	A_{SMZ}	ΔA_{SMZ}	ΔE_{SMZ}	$A_{样}$	$\Delta A_{样}$	$c_{样}$（g/100ml）
257						
304						

（1）计算 SMZ 在 λ_1 和 λ_2 处的吸收系数差 ΔE_{SMZ}。

（2）计算供试品溶液的 SMZ 浓度。

（3）计算复方磺胺甲噁唑片中 SMZ 百分含量。

六、注意事项

1. 注意药物是否完全溶解。
2. 参比波长对测定影响较大，此波长可因仪器不同而异，故用对照品溶液来确定。

七、思考题

1. 在双波长等吸收法测定中，如何选择适当的测定波长和参比波长？
2. 在选择实验条件时，是否应考虑赋形剂等辅料的影响？如何进行？
3. 如果只测定磺胺甲噁唑，甲氧苄啶对照品溶液浓度是否需准确配制？
4. 能否采用双波长等吸收点法测定复方磺胺甲噁唑片中甲氧苄啶的含量？如果可行，试设计复方磺胺甲噁唑片中甲氧苄啶含量的测定方法。

实验十二　喹啉类药物荧光光谱绘制与含量测定

一、目的要求

1. 熟悉荧光分光光度计的使用。
2. 熟悉荧光分析法采用标准曲线法进行定量分析。
3. 了解荧光激发光谱和发射光谱的绘制方法。
4. 巩固荧光分析法测定荧光物质含量的基本原理。

二、实验提要

任何荧光物质都具有两个特征光谱：激发光谱和发射光谱。在荧光分光光度计上描绘两光谱，可将激发荧光的光源用单色器使其分光后，测定每一波长激发光所发射的荧光，以 $F-\lambda_{max}$ 作图，得到荧光物质激发光谱与最大激发波长（$\lambda_{max \cdot ex}$）；而将激发光的波长及强度保持不变，使物质发射的荧光通过单色器色散，测定每一发射波长的荧光强度，以荧光强度对其相应的发射波长（λ_{em}）作图，可得到该物质的发射光谱与最大发射波长（$\lambda_{max \cdot em}$）。

荧光物质的激发光谱和发射光谱是定性鉴别的依据，也是定量测量时选择激发波长 λ_{ex} 和发射波长 λ_{em} 的依据。在荧光分析法中。一般最大的激发波长 λ_{ex} 和最大发射波长 λ_{em} 是最灵敏的分析条件，但由于拉曼散射容易对发射光谱产生影响，因此选择激发光时需考虑尽量避免散射光的影响。

硫酸奎宁为抗疟药，硫酸奎尼丁为抗心律失常药，属生物碱类化合物，两者为手性异构体，分子具有喹啉环结构，能产生较强荧光，在一定的浓度范围内，荧光强度与组分浓度成正比：$F=Kc$，可采用标准曲线法测定其含量。

三、仪器与试剂

1. 仪器　荧光分光光度计，分析天平（0.01mg），容量瓶，移液管。

2. 试剂 硫酸奎宁对照品或硫酸奎尼丁对照品，H_2SO_4（AR）。

3. 样品 硫酸奎宁原料药；或硫酸奎尼丁原料药。

四、实验步骤

（一）试剂的配制

1. 硫酸奎宁标准储备液（1μg/ml） 取干燥恒重的硫酸奎尼丁对照品10mg，精密称定，置100ml容量瓶中，用0.05mol/L H_2SO_4溶液溶解并稀释至刻度，摇匀，精密量取1ml于100ml容量瓶中，加0.05mol/L H_2SO_4溶液至刻度，摇匀即得。（或硫酸奎尼丁，同法）

2. 0.05mol/L H_2SO_4溶液 量取H_2SO_4（AR）3ml，缓慢滴加入1000ml蒸馏水中，混匀，即得。

（二）溶液制备

1. 硫酸奎宁系列标准溶液 精密量取硫酸奎宁标准储备液（1μg/ml）1ml、2ml、3ml、4ml、5ml，分别置25ml容量瓶中，加0.05mol/L H_2SO_4溶液至刻度，摇匀（或硫酸奎尼丁，同法）。

2. 供试品溶液 取适量样品（相当于硫酸奎宁原料药10mg），精密称定，置100ml容量瓶中，用0.05mol/L H_2SO_4溶液溶解并稀释至刻度，精密量取5ml，于100ml容量瓶中，加0.05mol/L H_2SO_4溶液至刻度，摇匀后精密量取2ml于100ml容量瓶中，加0.05mol/L H_2SO_4溶液至刻度（或硫酸奎尼丁，同法）。

（三）测定

1. 开机 按仪器操作规程操作，开机、预热，设置测量条件。

2. 绘制激发光谱 取系列标准溶液中浓度最大者装入吸收池中，固定发射波长于450nm，选择宽狭缝，将自动扫描开关置激发光扫描档，拉开光门，描绘400～250nm范围内的激发光谱，并找出最大激发波长（$\lambda_{max \cdot ex}$）。

3. 绘制荧光光谱 固定激发波长于最大激发波长处，选择宽狭缝，将荧光波长置于500nm左右。选择窄狭缝，将自动扫描开关置发射光扫描档，拉开光门，描绘500～250nm范围内的荧光光谱，找出最大发射波长（$\lambda_{max \cdot em}$）。

4. 散射光谱 对空白溶液（0.05mol/L H_2SO_4溶液）进行扫描，观察瑞利与拉曼散射对测量的影响。

5. 标准曲线 按浓度由小至大的顺序依次测定5个标准溶液的荧光强度F。

6. 测定供试品溶液的荧光强度。

（四）仪器复原

测定完毕，关机，仪器复原，登记使用记录。

五、数据记录及处理

1. 绘制$F-c$标准曲线，计算回归方程及相关系数r。

2. 计算样品中硫酸奎宁（或奎尼丁）含量。

F_0 = ________

容量瓶编号	1	2	3	4	5	样品
F						
c（μg/ml）						—
回归方程				r		
w（%）						

六、注意事项

1. 认真预习仪器使用方法及使用注意事项。
2. 测量顺序为由低浓度到高浓度，以减小测量误差。
3. 标准曲线测定和样品测定时，仪器参数设置应保持一致。

七、思考题

1. 荧光分光光度计为什么要设置两个单色器？与紫外可见分光光度计构造有哪些区别？
2. 比较激发光谱和发射光谱，试述两者的联系及区别。如何选择激发光波长 λ_{ex} 和发射光波长 λ_{em}？采用不同的 λ_{ex} 和 λ_{em} 对测定结果有何影响？
3. 荧光分析法为什么比紫外可见分光光度法有更高的灵敏度？
4. 测量标准溶液、试样溶液时，为何要同时测定空白溶液？
5. 试述狭缝的选择对该实验的影响。

实验十三　荧光分析法测定盐酸土霉素含量

一、目的要求

1. 掌握荧光分析法中采用工作曲线法定量的分析方法。
2. 巩固荧光分光光度计的操作。

二、实验提要

土霉素属于四环素类结构，分子结构上有二个共轭双键系统，能被紫外光激发而产生荧光，其碱性降解产物（C 环成内酯结构的异构体）也具有荧光，可作鉴别，亦可进行含量测定。

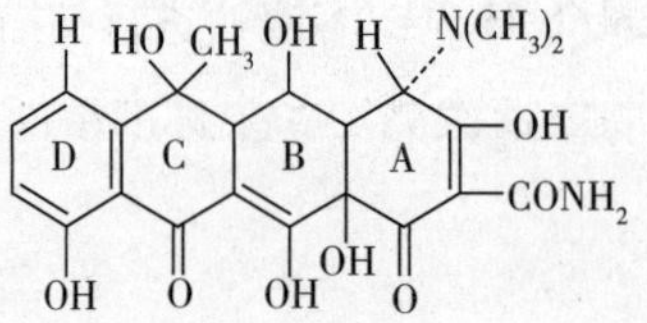

土霉素在碱性溶液中加热分解所成荧光物质，其荧光在 15～23℃稳定，温度升高荧光强度减退，浓度在 1～9μg 时，其荧光强度与浓度成正比。

三、仪器与试剂

1. 仪器　荧光分光光度计。

2. 试剂　氢氧化钠（AR）。

3. 样品　盐酸土霉素（对照品），盐酸土霉素片。

四、实验步骤

（一）0.1mol/L NaOH 溶液的配制

称取 4.2g 氢氧化钠，加蒸馏水溶解使成 1000ml。

（二）溶液制备

1. 对照品溶液 取盐酸土霉素对照品10mg，精密称定，置100ml容量瓶中，用蒸馏水溶解并稀释至刻度；精密量取该溶液1ml于100ml容量瓶中，加蒸馏水至刻度；精密量取1ml、2ml、3ml、4ml、5ml分别置于10ml具塞刻度试管中，各加0.1mol/L NaOH溶液3ml，加蒸馏水至10ml，于沸水中放置6min，冷至室温，待测。同时做试剂空白溶液。

2. 供试品溶液 取盐酸土霉素片10片，精密称定，去皮，研细；取细粉适量（含盐酸土霉素约10mg），精密称定，置100ml容量瓶中，用蒸馏水溶解并稀释至刻度，摇匀，滤过，精密量取续滤液1ml于100ml容量瓶中，加蒸馏水至刻度，精密量取3ml于10ml具塞刻度试管中，加0.1mol/L NaOH溶液3ml，加蒸馏水至10ml，于沸水中放置6min，冷至室温，待测。

（三）荧光强度测定

1. 开机 按仪器操作规程开机、预热，设置测定条件。

2. 标准曲线 以336nm为激发波长，分别依次测定标准溶液在荧光波长410nm处的荧光强度（F），以F为纵坐标，浓度为横坐标，计算回归方程——标准曲线。

3. 盐酸土霉素含量 以336nm为激发波长，测定供试品溶液在荧光波长410nm处的荧光强度（F），由回归方程计算溶液中盐酸土霉素浓度。

（四）仪器复原

测定完毕，关机、清洁、仪器复原，登记仪器使用记录。

五、数据记录及处理

数据记录表格参见本章实验十一。

要求：

（1）计算回归方程和相关系数（r）。

（2）用标准曲线法计算供试品溶液中盐酸土霉素浓度。

（3）计算片剂中盐酸土霉素中百分含量。

六、注意事项

认真预习仪器使用方法及使用注意事项。

七、思考题

试以标准曲线的中浓度对照品溶液为对照，采用比例法，计算盐酸土霉素的含量。

实验十四 原子吸收分光光度法测定水中铜（钙与镁）含量

一、目的要求

1. 掌握原子吸收光谱分析法的基本原理。
2. 熟悉用标准曲线法进行定量测定的方法。
3. 了解原子吸收分光光度计的基本结构、性能及操作方法。

二、实验提要

稀溶液中的铜（钙、镁）离子在火焰温度（小于3000K）下变成铜（钙、镁）原子蒸汽，由光源空心阴极铜（钙、镁）灯辐射出铜（钙、镁）的特征谱线被铜（钙、镁）原子蒸汽强烈吸收，其吸收的强度与铜（钙、镁）原子蒸汽浓度的关系符合比耳定律。在固定的实验条件下，铜（钙、镁）原子蒸汽浓度与溶液中铜（钙、镁）离子浓度成正比，即：

$$A = Kc$$

式中，A 为吸收度，K 为常数，c 为溶液中铜（钙、镁）离子的浓度。

根据标准曲线法，就可以求出待测溶液中铜（钙、镁）的含量。

三、仪器与试剂

1. 仪器 原子吸收分光光度计，铜（钙、镁）元素空心阴极灯，乙炔钢瓶，空气压缩机，容量瓶，移液管。

2. 试剂 硝酸（优级纯），去离子水，1mg/ml 标准铜储备液，0.1mg/ml 标准铜储备液。

3. 样品 水样。

四、操作步骤

（一）试剂的配制

1. 1mg/ml 标准铜储备液 取光谱纯金属铜 0.1g（或铜量相当的 CuO），准确称定，于 100ml 烧杯中，盖上表面皿，用硝酸溶液溶解，然后把溶液转移到 100ml 容量瓶中，用 1% 硝酸稀释到刻度，摇匀，备用。

2. 0.1mg/ml 标准铜储备液 准确量取 1mg/ml 标准铜储备液 10ml 于 100ml 容量瓶中，用 1% 硝酸稀释到刻度，摇匀备用。（镁标准溶液 0.005mg/ml；钙标准溶液 0.1mg/ml）

（二）铜标准系列溶液的配制

精密量取铜标准贮备液（0.1mg/ml）0.5ml、1ml、1.5ml、2ml、2.5ml 分别置于 100ml 容量瓶中，用 1% HNO_3 稀释至刻度；同时配制一试剂空白溶液。

（钙、镁系列标准溶液的配制　精密量取 0.1mg/ml 钙标准溶液 2ml、4ml、6ml、8ml、10ml 分别置于 100ml 容量瓶中，再依次精密量取 0.005mg/ml 镁标准溶液 2ml、4ml、6ml、8ml、10ml 于上述对应的容量瓶中，用 1% HNO_3 稀释至刻度，摇匀（此系列标准溶液含 Ca 为 2μg/ml、4μg/ml、6μg/ml、8μg/ml、10μg/ml；含 Mg 为 0.1μg/ml、0.2μg/ml、0.3μg/ml、0.4μg/ml、0.5μg/ml。）；同时配制试剂空白。

（三）仪器工作条件的选择

按变动一个因素，定其他因素来选择最佳工作条件的方法，确定实验的最佳工作条件（参考）：

	铜元素	钙元素	镁元素
空心阴极灯工作电流	5mA	5mA	5mA
分析线波长	325nm	422.7nm	422.7nm
燃烧器高度	6mm	9mm	9mm
狭缝宽度	0.2mm	0.5mm	0.5mm
燃烧器高度	6mm	9mm	9mm

3. 标准系列溶液的测定　在工作条件下，由稀到浓依次测定各标准溶液的吸光度 A。

4. 样品溶液的测定　精密量取水样适量（自来水：钙 10ml、镁 2ml），置 100ml 容量瓶中，用 1% HNO_3 稀释至刻度，摇匀，在相同条件下测定其吸光度 A。

五、数据记录及处理

记录各标准溶液和样品溶液的吸收度，以吸光度 A 为纵坐标，相应的标准溶液浓度 c 为横坐标，计算回归方程，以回归方程计算样品中待测元素的含量。

六、注意事项

1. 注意乙炔流量和压力的稳定性。
2. 乙炔为易燃、易爆气体，应严格按操作步骤进行，先通空气，后给乙炔气体；结束或暂停实验时，要先关乙炔气体，再关闭空气，避免回火。

七、思考题

1. 本实验的主要干扰因素及其消除措施有哪些？
2. 标准溶液及样品溶液的酸度对吸光度有什么影响？

实验十五　FT－IR 分光光度计操作与性能检验

一、目的要求

1. 熟悉 FT－IR 分光光度计的工作原理及其操作方法。
2. 了解 FT－IR 分光光度计的性能指标及检验方法。

二、实验提要

仪器的性能直接影响测试结果，通过对 FT－IR 光谱仪性能的检验，了解仪器的分辨率、波长精度的准确性、检测灵敏度等，以确定测得光谱的可靠性。

本实验采用对聚苯乙烯薄膜的测试，检验仪器的性能。

三、仪器与试剂

FT－IR 分光光度计（波数范围：4400 ~ 400cm^{-1}）；聚苯乙烯薄膜片。

四、实验步骤

（一）开机

按仪器使用操作规程操作，开机预热，设置测定条件。

（二）测定

1. 分辨本领　将聚苯乙烯薄膜片置于光路上，测绘其红外吸收光谱。在 3110 ~ 2800cm^{-1}区间，应能明显分开不饱和碳氢伸缩振动的七个峰，即：3106cm^{-1}、3083cm^{-1}、3061cm^{-1}、3033cm^{-1}、

2998cm^{-1}、2924cm^{-1}、2846cm^{-1}。此外，2924cm^{-1}的峰谷与2846cm^{-1}峰尖之间距应大于15% T；1601cm^{-1}的峰谷与1583cm^{-1}峰尖之间距应超过10% T。

2. 波数重现性 用聚苯乙烯薄膜片重复进行两次扫描，其误差在4000～2000cm^{-1}区间不得大于2cm^{-1}，在2000～400cm^{-1}区间不得大于1.5cm^{-1}。

3. 波长精度 用聚苯乙烯薄膜扫描，检查2850.7cm^{-1}、1944cm^{-1}，1601.4cm^{-1}、1181.4cm^{-1}、1028cm^{-1}、906.7cm^{-1}及541cm^{-1}各峰与实测峰位比较，其误差在4000～2000cm^{-1}为±2cm^{-1}、2000～1100cm^{-1}为±1.5cm^{-1}；1100～900cm^{-1}为±1.0cm^{-1}；900～400cm^{-1}为±1.5cm^{-1}。

用单光束测试，H_2O或CO_2气各峰应为3750cm^{-1}（±2.5cm^{-1}）；2350cm^{-1}（±2.5cm^{-1}）；668cm^{-1}（±1.5cm^{-1}）。

五、思考题

1. 聚苯乙烯薄膜的光栅光谱与FT－IR光谱有无区别？
2. 与光栅型红外分光光度计比，傅立叶变换红外分光光度计有何优点？

实验十六 固体样品红外光谱测定——KBr压片法

一、目的要求

1. 掌握KBr压片制样方法。
2. 熟悉红外分光光度计的一般操作。
3. 了解化合物红外光谱图的初步解析步骤。

二、实验提要

1. 进行红外分析，对样品有一定要求，即样品的纯度必须大于98%及不含水。通常气、液及固体样品均可进行分析，但以固体样品的分析较简便。
2. 固体样品制样有三种方法，为压片法、糊剂法及薄膜法，其中以压片法为常用方法。
3. 在制样研磨过程中需在红外灯下进行操作。

三、仪器与试剂

1. 仪器 红外分光光度计；玛瑙乳钵；红外灯；油压压片机（配真空泵）；压片模具。

2. 试剂 KBr（光谱纯）。

3. 样品 苯甲酸（AR）或水杨酸（AR）或其他化合物。

四、实验步骤

1. 仪器准备 按仪器使用说明书操作，打开红外仪、预热平衡，再打开电脑、进入红外工作站，设置相关参数。

2. 样品制备

（1）研磨 取供试品约1～1.5mg，置玛瑙研钵中，加入干燥的溴化钾细粉200～300mg（与供试品的比约为200∶1）作为分散剂，在红外灯下充分研磨混匀（研匀并除去水分）。（说明：模具直径可变，

但需调整供试品与分散剂的用量）

（2）装片压片　将上述粉末置于13mm的压片模具中，使铺展均匀，装好模具，放上压片机，抽真空2min，同时，关闭放油阀（顺时针转动1/4圈），压动加压杆加压至（0.8×10^6）kPa（8～10T/cm^2），保持压力2min。

（3）放空取片　打开放油阀（逆时针转动1/4圈，注意不可将放油阀逆时针旋转过多），撤去压力并放气后取下模具，小心打开，目视检测，片子应呈透明状，供试品应分布均匀。

3. 样品测定　将样品架置于样品窗口，进行红外光谱扫描。

4. 样品解析　测试结束后对未知物谱图进行解析，试将各峰归属。

5. 仪器复原　实验完毕，关机、登记使用记录，清洁模具。

五、注意事项

1. 红外分光光度计使用之前，要预热30min方可使用。
2. 参数设计要合理，否则会影响样品的红外图谱形状。
3. 样品的研磨要在红外灯下进行，防止样品吸水。
4. 压片时要抽真空，以除去样品粉末中的空气，以免压成的样品片减压碎裂。
5. 对压片模具，用后应立即用无水乙醇揩擦，以免吸湿腐蚀模具。
6. 在整个实验过程中，要严格避免水分的干扰。

六、思考题

1. 为什么在作红外分析时样品需不含水分？
2. 在研磨操作过程中为什么需在红外灯下进行？

实验十七　硅胶薄层板制备与活度测定

一、目的要求

1. 掌握黏合薄层板的制作方法。
2. 学会薄层色谱的基本操作方法。
3. 了解硅胶薄层板活度的测量方法。

二、实验提要

硅胶的吸附性质决定于连接在硅原子表面的羟基基团—硅羟基（—Si—OH），经活化后的硅胶如暴露在空气中，则能吸附水分使之失活。

硅胶黏合薄层活度的测量方法，目前一般都采用Stahl活度测定，样品为二甲黄、苏丹红、靛酚蓝等量混合溶液，点在薄层板上，用石油醚展开10cm，斑点应不移动，用苯展开则应分成三个斑点。合格的硅胶黏合薄层板，其R_f分别为：二甲黄0.58±5%，苏丹红0.38±5%，靛酚蓝0.08±5%，其活度为Ⅱ～Ⅲ级，水分含量5%～15%。

$$R_f=\frac{\text{从基线至展开斑点中心的距离}}{\text{从基线至展开剂前沿的距离}}$$

如 $R_f <$ 标准值，表明硅胶的含水量小（新鲜活化的硅胶薄层板），吸附能力强，活度级别为 $<$ Ⅱ级，如 $R_f >$ 标准值，表明硅胶的含水量大（暴露在空气中时间较长的硅胶薄层板），吸附能力弱，活度级别为 $>$ Ⅲ级。硅胶活度级别与硅胶的含水量、吸附能力及样品 R_f 的关系为：硅胶活度级别越高（分五级），含水量越大，吸附能力越弱，样品 R_f 越大。

三、仪器及试剂

1. 仪器 双槽展开缸，点样毛细管，电吹风，玻璃板（10cm×20cm），研钵。

2. 试剂 硅胶 G 或硅胶 GF_{254}（10～40μm）；石油醚（AR）；苯（AR）；羧甲基纤维素钠；二甲黄；苏丹红；靛酚蓝。

3. 混合染料 含二甲黄、苏丹红、靛酚蓝各 0.40mg/ml。

四、实验步骤

1. 0.5%羧甲基纤维素钠溶液的配制 取 0.5g 羧甲基纤维素钠用 5ml 蒸馏水调成糊状，边搅边倾入 95ml 沸水中，搅匀，煮开 5min，放置 1 周后取上层使用。

2. 硅胶黏合薄层板制备 称取硅胶 7g，于小碾钵中，加 0.5% 羧甲基纤维素钠约 20ml，研匀，铺于 10cm×20cm 玻璃板上，使形成均匀薄层。室温晾干，置烘箱中于 110℃活化 30min，置干燥器中贮存备用。

3. 展开缸饱和 分别取石油醚和苯各适量，分别倒入二只展开缸中，盖上展开缸盖。

4. 点样与展开 取薄层板一块，在距板一端 2cm 处用铅笔轻轻划上起始线（可同时在距起始线 10cm 处划出前沿线）。在起始线上标出 4 个点样点，每点间隔 1.5cm，两侧点距边缘 2.5cm。用内径 0.5mm 的平口毛细管轻轻点上混合染料溶液，边点边用冷风吹（原点直径应不大于 3mm），挥干溶剂，将薄层板置于放有苯的展开缸中，展开至前沿线时，取出，立即划出实际前沿线。挥干溶剂。另取一薄层板，同法操作，置于放有石油醚的展开缸中，作对照。

5. 检视 观察斑点颜色与位置，测量并计算二甲黄、苏丹红、靛酚蓝的 R_f，判断活度。

五、数据记录及处理

	溶剂	二甲黄	苏丹红	靛酚蓝
l（cm）				
R_f				
规定值	——			
结　论				

六、注意事项

1. 点样量不宜太多，否则会造成拖尾，影响分离。

2. 展开剂石油醚或苯中含水量的多少，会影响斑点的 R_f，所以展开缸必须干燥无水。加入展开剂后如发现浑浊，表明展开剂中含水，应用展开剂将展开缸荡洗三次。

3. 展开剂不要加得太多，起始线不能浸入展开剂中，否则会使样点溶解，原点变大。

七、思考题

1. 制备硅胶薄层板时，应注意哪些问题？影响 R_f 的因素有哪些？
2. 本实验用硅胶薄层板分离混合物，是属于哪一种色谱原理？

实验十八 薄层色谱法分离与鉴别药物

一、目的要求

1. 掌握薄层色谱的原理与一般操作方法。
2. 熟悉薄层色谱在药物定性鉴别中的应用。

二、实验提要

依据同一成分在相同的色谱条件下应有相同的色谱行为，在一定的色谱条件下，采用对照法，利用与对照品在相同的位置有相同颜色的斑点，可用于药物的定性鉴别，杂质检查及含量测定。R_f 与相邻两斑点分离度 R_s 分别为：

$$R_f = \frac{\text{从基线至展开斑点中心的距离}(l)}{\text{从基线至展开剂前沿的距离}(l_0)}$$

$$R_s = \frac{2\ (l_a - l_b)}{W_a + W_b}$$

式中，l_a 和 l_b 分别为 a、b 两组分原点至斑点中心的距离；W_a 和 W_b 分别为两组分斑点的纵向直径。$R_s=1$ 时，相邻两组分斑点基本分开。

硅胶常用作为薄层色谱法的吸附剂，通过样品展开后形成的斑点进行分析，对物质的吸附性能与被吸附物质的结构有关，物质极性越小，其吸附能力越小（注：以下内容选一）。

1. 喹啉衍生物类生物碱　奎宁与辛可宁分子结构相似、理化性质相似。在硅胶 G 薄层板上，经适宜展开剂展开后，可进行鉴定。

2. 大黄中含有 5 种蒽醌成分，由于取代基不同，极性不同，利用薄层色谱法可将 5 种成分分离，并利用对照品进行鉴别（图 4－6）。中药大黄中成分具有多环共轭体系，因此可以采用日光下检视薄层板上黄色斑点和紫外光灯下检视荧光斑点进行定性鉴别，或采用大黄成分具有蒽醌化学结构采用氨熏法使之变色进行定性鉴别。

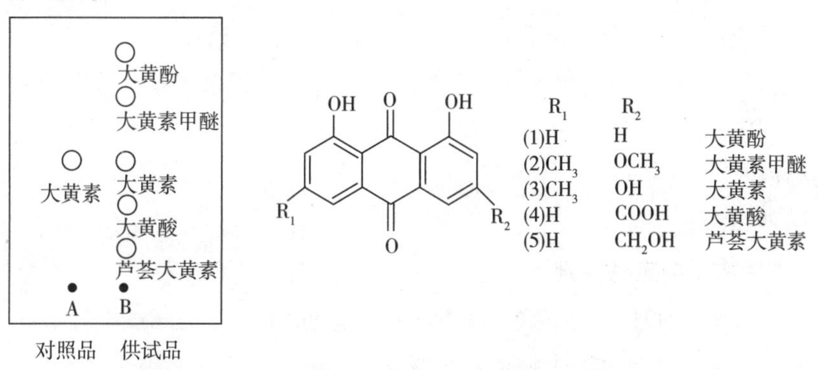

图 4－6　大黄的薄层色谱图及相应化合物

3. 丹参注射液是由单味药材丹参经提取除杂，精制加工而制得的一种溶液。原儿茶醛是丹参的有效成分之一，可将原儿茶醛对照品溶液与供试品溶液点在同一硅胶薄层板上，展开，显色，测定 R_f，利用 R_f 与色谱斑点的颜色一致性进行定性鉴别。

4. 中药黄连中的活性成分之一是小檗碱类生物碱，常以小檗碱为对照品，由于其特殊的化学结构，不仅在紫外 - 可见区具有吸收，而且在一定波长紫外光激发下，可发射荧光。因此，可利用薄层色谱法将供试品溶液中小檗碱与其他成分分离，置于紫外灯下检视其荧光斑点进行定性鉴别。

5. 复方磺胺甲噁唑片为复方制剂，含磺胺甲噁唑（SMZ）和甲氧苄啶（TMP）。在硅胶 GF_{254nm} 薄层板上，经适宜展开剂展开后，可在 254nm 下检视有荧光暗斑。

三、仪器与试剂

1. 仪器 展开缸，硅胶薄层板（预制或自制），毛细管（或微量注射器），喷雾器，电吹风，紫外分析仪。

2. 试剂 随所选实验内容。

3. 样品 待检样品（随所选实验内容）。

四、实验步骤

（一）薄层色谱操作步骤

铺板、活化、点样、展开、检视，参见本章实验十七。

1. 点样 取薄层板一块，距板的一端 1.5 ~ 2cm 处，用铅笔轻轻画一横线作为起始线（表示点样位置，两样点间距应不小于 1cm），在板另一端相应处标注样品名称。点样时用毛细管取样品，选取毛细管比较平整一端量取样品，轻点一下（点的直径不大于 3mm），将对照品与样品间隔点（图 4 - 7）。

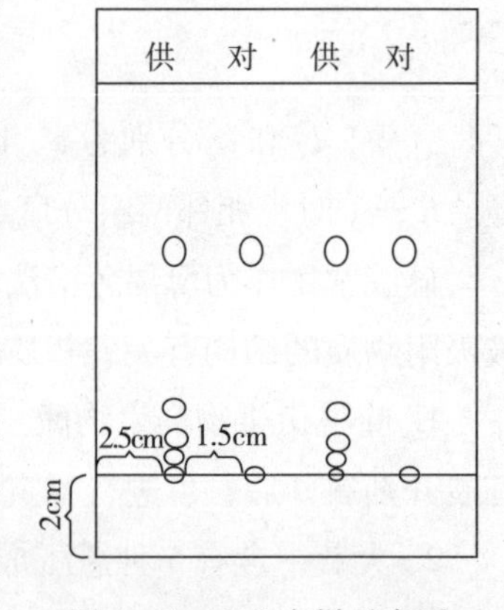

图 4 - 7 TLC 点样示意图

2. 展开 在展开缸中倒入展开剂适量（双槽倒在一侧；单槽将展开缸的一端垫起，倾斜角度为 15° ~ 20°），将点好样品的薄层板倾斜置于展开缸中无展开剂之处，预饱和 15min；将展开缸小心倾侧（双槽）或放平（单槽），使点有样品的一端浸入展开剂中（不得使展开剂过原点）；待展开剂前沿到达一定位置时，取出，立即标出溶剂前沿，用电吹风吹干溶剂（吹薄层板背面）。

3. 显色 在薄层板上喷显色剂，开始少量喷，在有斑点的位置多喷。显色后，用铅笔标出斑点的位置，并记录斑点的颜色。（该步骤根据需要）

4. 检视 观察各斑点的位置和颜色，标记每个斑点的中心，记录现象，分别测量 l 值和 l_0，计算比移值，判断待测样品中的成分。

（注：以下实验内容选一）

（二）供试品溶液与色谱条件

1. 喹啉衍生物类生物碱的定性鉴别

（1）对照品溶液 2mg/ml 奎宁的三氯甲烷溶液；2mg/ml 辛可宁的三氯甲烷溶液。

（2）供试品溶液 2mg/ml 喹啉衍生物类生物碱混合物的三氯甲烷溶液。

（3）薄层板 硅胶 G。

（4）展开剂　石油醚－乙酸乙酯－二乙胺（9∶6∶2）或乙酸乙酯－无水乙醇－二乙胺(7∶1∶1）。

（5）展距　10cm。

（6）显色剂　改良碘化铋钾试剂。

（7）检视　日光观察斑点颜色及形状，并记录。供试品色谱中，在与对照品色谱斑点相应的位置显示相同颜色的斑点。

2. 大黄的定性鉴别

（1）大黄水解乙醚提取液。

（2）对照品溶液　5种蒽醌成分。

（3）薄层板　硅胶H。

（4）展开剂　石油醚（30～60℃）－甲酸乙酯－甲酸（15∶5∶1）。

（5）展距　15cm。

（6）检视　①日光下检视黄色斑点；②薄层板置于密闭氨水中熏10min，斑点应为红色；③氨熏后薄层板置于365nm紫外光灯下观察荧光斑点的颜色。

3. 丹参注射液的定性鉴别

（1）对照品溶液　原儿茶醛的乙醇溶液。

（2）供试品溶液　丹参注射液。

（3）薄层板　硅胶H。

（4）展开剂　苯－乙酸乙酯－甲酸（8∶5∶1）。

（5）显色剂　铁氰化铁试剂（1%三氯化铁与1%铁氰化钾，临用时等体积混合）。

（6）检视　日光下观察，供试品与对照品在相同位置有相同颜色的斑点。

4. 黄连的定性鉴别

（1）对照品溶液　取盐酸小檗碱对照品适量，加无水乙醇溶剂使成每1ml含0.5mg的溶液。

（2）对照药材溶液　取黄连对照药材60mg，研细，加乙醇5ml，置水浴中加热回流15min，滤过，滤液补加乙醇使成5ml，即得。

（3）供试品溶液　取黄连细粉0.3g，置60ml索氏提取器中加乙醇连续回流提取生物碱至无色。将提取液浓缩至20ml，定量转移至25ml容量瓶中，用乙醇稀释至刻度，作为样品供试液。

（4）点样体积　3种溶液各2μl。

（5）展开剂　乙酸乙酯－三氯甲烷－甲醇－氨水－二乙胺（8∶2∶2∶1∶0.5）。

（6）展开距离　8～12cm。

（7）检视　365nm紫外灯下，供试品色谱中，在与对照品斑点相应的位置上，显相同颜色的荧光斑点；与对照药材显相同颜色四个荧光斑点。

5. 复方磺胺甲噁唑片鉴别

（1）SMZ，TMP对照品溶液　分别称取磺胺甲噁唑0.2g、甲氧苄啶40mg，各加甲醇10ml溶解。

（2）复方磺胺甲噁唑片样品溶液　称取本品细粉适量（约相当于磺胺甲噁唑0.2g），加甲醇10ml，超声15min，滤过，取滤液。

（3）薄层板　硅胶GF_{254nm}。

（4）展开剂　三氯甲烷－甲醇－二甲基甲酰胺（20∶2∶1）。

（5）展距　10cm。

（6）检视　在365nm和254nm紫外光灯下观察斑点颜色及形状。

五、实验记录及处理

1. 薄层色谱图。

2. 斑点展开距离与颜色。

l_0 = ________ cm

	对照品1	对照品2	供试品点1	供试品点2
颜色				
l（cm）				
R_f				

六、注意事项

1. 薄层板需活化后使用；实验过程需无水操作，展开缸密封性良好。

2. 点样注意对照品与供试品交叉点样，点样量要适宜。

3. 注意室内温度与湿度。

七、思考题

1. 薄层色谱定性的依据是什么？影响吸附薄层色谱 R_f 的因素有哪些？

2. 用硅胶薄层板分离化合物，其比移值和结构有什么关系？

3. 薄层板展开时，展开剂的极性如何进行选择？有哪些展开方法？展开过程中应注意些什么？展开后斑点定位方法有哪些？

4. 点样时应注意哪些问题？TLC 操作受哪些因素的影响？

实验十九　氧化铝的活度测定

一、目的要求

1. 掌握吸附柱与薄层软板的制备方法。

2. 熟悉用柱色谱与薄层色谱测定氧化铝活度的方法。

3. 了解吸附柱色谱和薄层色谱的一般操作方法。

二、实验提要

氧化铝是常用的固定相吸附剂，它对物质的吸附性能与被吸附的物质结构有关，被吸附物质极性越小，氧化铝对其吸附能力越小，如用柱色谱进行分离，物质就越容易流出，如用薄层色谱分离，则比移值越大。

1. 氧化铝的吸附能力等级测定方法较常用的是 Brockmann 法，观察对多种偶氮染料的吸附情况衡量其活度。所用染料的吸附性递增排列顺序为：偶氮苯（1 号）<对甲氧基偶氮苯（2 号）<苏丹黄（3 号）<苏丹红（4 号）<对氨基偶氮苯（5 号）<对羟基偶氮苯（6 号），见表4－2。

表 4－2　染料名称、结构与颜色

编号	名称	结构	颜色
1	偶氮苯	—N═N—	淡黄色
2	对甲氧基偶氮苯	—N═N— —OCH_3	淡黄色
3	苏丹黄	HO —N═N—	橙 色
4	苏丹红	HO —N═N— —N═N—	紫红色
5	对氨基偶氮苯	—N═N— —NH_2	黄色
6	对羟基偶氮苯	—N═N— —OH	黄色

2. 氧化铝的活性与含水量有关。含水量越高，吸附性能越小，活性越弱，活性级别越高。根据以上染料的吸附情况，可将氧化铝的活度分为五级，用柱色谱法和薄层色谱法判断级别的依据分别见表 4－3 和表 4－4。

表 4－3　氧化铝活度的柱色谱定级法

染料位置 \ 活度级别	Ⅰ	Ⅱ	Ⅲ	Ⅳ	Ⅴ
柱上层	2	3	4	5	6
柱下层	1	2	3	4	5
流出液		1	2	3	4

表 4－4　氧化铝活度的薄层色谱定级法

偶氮染料 \ 活度级别	Ⅱ	Ⅲ	Ⅳ	Ⅴ
偶氮苯	0. 59	0. 74	0. 85	0. 95
对甲氧基偶氮苯	0. 16	0. 49	0. 69	0. 89
苏丹黄	0. 01	0. 25	0. 57	0. 78
苏丹红	0. 00	0. 10	0. 33	0. 56
对氨基偶氮苯	0. 00	0. 03	0. 08	0. 19

三、仪器与试剂

1. 仪器　色谱柱空管（长 10cm，内径 1. 5cm），层析缸（25cm × 6. 5cm × 3cm），玻璃板，带橡皮

套的玻璃棒，小漏斗，精制棉，毛细管点样器，量筒。

2. 试剂 氧化铝（层析用），偶氮苯，对甲氧基偶氮苯，苏丹黄，苏丹红，苯，石油醚（均为AR）。

3. 1、2、3和4号染料混合溶液 称取偶氮苯（1号）、对甲氧基偶氮苯（2号）、苏丹黄（3号）、苏丹红（4号）各20mg，溶于10ml纯无水苯中，加入适量石油醚至50ml。

4. 洗脱液/展开剂 苯－石油醚（1:4）。

四、实验步骤

（一）柱色谱法测定氧化铝活度

1. 色谱柱制备 取一洁净色谱柱空管（长10cm，内径1.5cm）（若不干净，请用洗脱液洗涤），取少量精制棉，用玻璃棒将其插入（不要太紧），打开活塞，将色谱柱垂直地夹于蝴蝶夹上。称量待测活度的氧化铝粉末6g，将其通过小漏斗注入色谱柱管内（氧化铝高度约为6cm）。关紧活塞，用带有胶头的玻璃棒均匀地敲打有氧化铝的柱体部分，使其填装紧密。

2. 活度的测定 打开活塞，用胶头滴管将1ml混合染料溶液沿色谱柱壁旋转缓慢加入色谱柱内。取一洁净的小烧杯放置于色谱柱下方，收集流出液，待染料溶液全部通过色谱柱后，立即以干燥的洗脱液——苯－石油醚混合液（1:4）20ml淋洗色谱柱，控制流速在20～30滴/分。

观察和记录流出液的颜色和色谱柱上的颜色及位置，根据表4－3判断氧化铝活度级别。

（二）薄层色谱法测定氧化铝活度

1. 氧化铝软板的制备（干法铺板） 称取待测氧化铝约15g，撒在洁净、干燥的玻璃板上（玻璃板下面可垫一张白纸），另取比玻璃板宽度稍大的玻璃棒，在两端各绕3圈胶布，其距离即为薄层的宽度，其厚度即为薄层的厚度。双手均匀用力，推挤氧化铝至玻璃板的另一端，使成一均匀平坦的薄层。

2. 点样、展开 取氧化铝薄层板一块，距一端2cm处做为起始线。取毛细管点样器一根，点加染料混合液于起始线中点。在展开缸内放入10ml展开剂，预饱和15min后展开。待展开剂前沿距起始线约15cm时取出。观察各染料的位置和颜色，测定比移值，根据表4－4确定氧化铝的活度。

五、数据记录及处理

1. 柱色谱法测定氧化铝的活度

位置	颜色	染料
柱上层		
柱下层		
流出液		

氧化铝活度级别为：________级。

2. 薄层色谱法测定氧化铝的活度

l_0 = ________ cm

	偶氮苯	对甲氧基偶氮苯	苏丹黄	苏丹红
颜色				
l（cm）				
R_f				

氧化铝的活度级别为：________级。

六、注意事项

1. 用于配制染料溶液的石油醚及苯必须是无水的（可用无水硫酸铜检查）。若市售商品含水量太多，则需预先处理，否则影响结果的准确性。整个实验必须无水操作。

2. 制备色谱柱时，精制棉用量要少，要平整，但不要塞得太紧，以免流速过慢；也不能太少，否则漏液。

3. 色谱柱必须具有均匀的紧密度，表面应力求水平，染料溶液应小心地加到柱色谱上，注意不要使氧化铝表面受到扰动。倒入染料时，注意先把活塞打开，以利空气排出。

4. 用柱色谱法定级时，为了便于观察现象，可以事先将多余的洗脱液倒掉，待染料快要流出时，再收集。

5. 在氧化铝薄层上点样时，注意不要太用力，以防止吸入氧化铝。

6. 所用溶液为有机溶剂，整个过程注意防水，同时要注意溶液回收，都倒入废液缸中，不要直接倒入下水道。废液缸要密闭。

七、思考题

1. 根据染料的结构，说明极性递增的顺序。

2. 如色谱管流出液为淡黄色，柱下层为橙黄色，柱上层为紫红色，该氧化铝为几级？如何改变氧化铝的活度级别？

实验二十 柱色谱法纯化黄连生物碱

一、目的要求

1. 掌握吸附柱色谱制备、洗脱、分离净化的一般操作步骤。

2. 熟悉柱色谱法在中药分析中的应用。

二、实验提要

常规柱色谱法主要用于混合物的分离与纯化。中药黄连中的活性成分之一是小檗碱类生物碱，常以小檗碱为对照品，用紫外分光光度法测定黄连总碱的含量。由于黄连提取液中存在黄酮等成分会干扰测定，通常在测定之前先利用柱色谱法纯化提取液，收集洗脱液于容量瓶中，并稀释至刻度。本试验以中性氧化铝为吸附剂，用95%乙醇为洗脱液，用10ml容量瓶收集流出液并稀释至刻度，得到纯化后的黄连供试品溶液。

三、仪器与试剂

1. 仪器 空色谱柱（高13cm，内径1.5cm），带橡皮套的玻璃棒，小量筒，索氏提取器，容量瓶。

2. 试剂 中性 Al_2O_3（150~200目），乙醇（AR），精制棉。

3. 样品 黄连药材。

四、实验步骤

1. 色谱柱制备 于干燥的色谱管底垫一层精制棉，垂直夹在滴定台上，把氧化铝仔细装入色铺管中至高达6cm处，用一根带橡皮套的玻璃棒轻轻地均匀地敲打至氧化铝的高度约5cm处，并使氧化铝表面水平平整。

2. 供试品溶液制备 取黄连0.5g，研成细粉，精密称取0.3g，置60ml索氏提取器中加乙醇连续回流提取生物碱至无色。将提取液浓缩至20ml，定量转移至25ml容量瓶中，用乙醇稀释至刻度，即得。

3. 黄连生物碱净化 精密量取样品液1ml通过Al_2O_3柱，用乙醇洗脱至完全，收集洗脱液于10ml容量瓶中，加乙醇至刻度。

五、注意事项

1. 柱色谱法要注意无水操作。
2. 精制棉用量要少，要平整，但不要塞得太紧，以免流速过慢。
3. 色谱柱装填均匀致密无气泡，表面应水平，样品或洗脱液加入要小心，勿使固定相表面受到搅动。
4. 在柱活塞开着下加入样品，以利空气排除。

六、思考题

1. 吸附柱色谱法洗脱化合物成分的顺序为何？
2. 选择固定相和流动相的根据是什么？
3. 如何判断黄连生物碱已被净化完全？

实验二十一　纸色谱法分离与鉴别有机酸

一、目的要求

1. 掌握纸色谱的操作方法。
2. 熟悉纸色谱的分离原理。
3. 了解纸色谱法在分离、定性方面的应用。

二、实验提要

纸色谱是平面色谱的一种，其固定相是附着在纸纤维上的水，展开剂（流动相）一般为有机试剂，其固定相极性大于流动相，属于正相分配色谱，分离极性有差别的化合物，极性较强的组分与固定相作用力强，在固定相中的溶解度比极性弱的组分大，因而在固定相中的保留时间较长，后被洗脱，其比移值较小。

酒石酸和羟乙酸存在极性差异，前者极性较强，在相同的色谱条件下，比移值较小。而同一物质，在相同的色谱条件下，应有在相同位置有相同颜色的斑点。应用对照法，依据样品和对照品在相同位置有相同颜色斑点，可以判断未知样品中是否含有某成分。

三、仪器与试剂

1. 仪器 色谱筒（高22cm，内径5.5cm），玻璃挂钩（带塞），培养皿（直径12cm），毛细管点样器，电吹风，新华色谱滤纸，喷雾器。

2. 展开剂 正丁醇-醋酸-水（12:3:5）。

3. 显色剂 0.04%溴甲酚蓝乙醇溶液。

4. 有机酸 2%酒石酸和2%羟乙酸（均为乙醇溶液）。

5. 样品 未知混合酸乙醇溶液。

四、实验步骤

（一）条形滤纸

1. 色谱纸准备 裁剪一条色谱滤纸（4cm×15cm）（色谱纸应保证平整和干净，整个操作都要在一张大白纸上操作），距纸的一端2cm处，用铅笔画一横线作为起始线，并用铅笔标明对照品、样品位置（在起始线上间距约为1～1.5cm做标记，酒石酸和羟乙酸在滤纸起始线的两边，混合样品点在中间），在色谱纸上端打一孔，使色谱纸能够悬挂与色谱筒内。

2. 点样 用毛细管取样品。选取毛细管比较平整的一端吸样，在相应样点位置上轻轻点一下，一般要点样1～2次，点的直径一般不大于3mm，越小越好，必须待水印完全消失后，才可以继续点样或展开。

3. 展开 在色谱筒中倒入展开剂，将点好样的色谱纸悬空挂在密闭色谱筒的挂钩上，预饱和15～20min。再小心将挂钩往下推动，直至有样品的一端浸入展开剂中（注意展开剂不得过原点）。待展开剂前沿离原点6cm左右时，取出，立即用铅笔标出溶剂前沿，并用电吹风吹干，直至无酸味。

4. 显色 均匀喷射显色剂，显色结束后，立即用铅笔标出斑点位置。然后找到每个斑点的中心，填写实验记录。

5. 定性 分别测量l值和l_0，计算比移值。根据现象记录，判断待测样品中是否含有酒石酸和羟乙酸。

（二）圆形滤纸

1. 色谱纸准备 将滤纸剪成一个直径12.5cm圆，在圆的正中间用铅笔轻轻画一个小圆，直径约为1.5cm，在圆心处戳一个洞，过圆心再画三条线，使圆形滤纸被6等分。注意在小圆和线交叉的地方不要用铅笔画上痕迹，这是点样的位置。把点样的名称标在大圆的四周，样品酒石酸和羟乙酸对称，待测样品对称。

2. 点样 点样操作同“条形滤纸”。

3. 展开 将展开剂倒入一小平皿中，放在培养皿正中。卷一实心的纸芯插在色谱纸正中的洞中，将点好样的滤纸写有字的一面朝上，把纸芯垂直浸入展开剂中，盖上培养皿盖，展开。当展距达到4～4.5cm时将滤纸取出，并且立即用铅笔标出溶剂前沿。

4. 显色 将滤纸用吹风机吹干，直到没有酸味，均匀喷显色剂。显色结束后，立即用铅笔标出斑点位置。然后找到每个斑点的中心，记录现象。

5. 定性 分别测量l值和l_0，计算比移值。根据现象记录，判断待测样品中是否含有酒石酸和羟乙酸。

五、实验记录及处理

1. 长条滤纸 l_0 = ________ cm

	酒石酸	羟乙酸	样品点1	样品点2
颜色				
l（cm）				
R_f				

2. 圆形滤纸 l_0 = ________ cm

	酒石酸	羟乙酸	样品点1	样品点2
颜色				
l（cm）				
R_f				

六、注意事项

1. 色谱纸要平整，不得玷污，操作时可在下面垫一白纸。
2. 条形色谱纸要挂垂直，圆形色谱纸要放水平，纸芯要捻成实心的，并放垂直。
3. 显色前必须把整张色谱纸吹干，直到无酸味为止；展开剂回收。
4. 铅笔、圆规和直尺自备，不能用钢笔或圆珠笔在色谱纸上做记号。

七、思考题

1. 纸色谱的固定相是什么？
2. 纸色谱定性的依据及计算方法？

实验二十二　气相色谱仪基本操作与系统适应性试验

一、目的要求

1. 掌握气相色谱分析的系统适应性试验方法。
2. 学会气相色谱仪的基本操作方法。
3. 了解气相色谱仪的工作原理、构造。

二、基本原理

《中国药典》规定，采用色谱法对药物进行定性或定量分析，需对仪器进行适用性试验。如测定柱效率、分离度、拖尾因子等。如检定的结果不符合要求，可通过改变色谱柱（如柱长、载体性能、固定液用量。色谱柱填充质量等）或改变仪器的工作条件（如柱温、载气速率、进样量等），使其达到相关要求。本实验的检定内容包括色谱柱的理论塔板数（n）、塔板高度（H）和分离度（R）。

1. 理论塔板数（n）和理论塔板高度（H） 用于评价柱效率，n 越大，H 越小，柱效率越高。同一色谱柱对于不同化合物的柱效率不一定相同。

$$n = 5.54\left(\frac{t_R}{W_{h/2}}\right)^2 = 16\left(\frac{t_R}{W}\right)^2 \qquad H = \frac{L}{n}$$

式中，t_R 为保留时间（cm 或 s）；$W_{h/2}$ 为半峰宽（cm 或 s）；W 为峰底宽（cm 或 s）；L 为柱长（mm）。

2. 分离度（R） 分离度是判断相邻两组分在色谱柱中总分离效能的指标。分离度≥1.5，表示达到基线分离。

$$R = \frac{2(t_{R_2} - t_{R_1})}{W_1 + W_2} = \frac{2(t_{R_2} - t_{R_1})}{1.70(W_{1,\frac{h}{2}} + W_{2,\frac{h}{2}})}$$

三、仪器与试剂

1. 仪器 气相色谱仪（配置氢火焰离子化检测器），微量注射器。

2. 色谱柱 20% 聚乙二醇 20M（柱长 2m）。

3. 试剂 苯（AR），甲苯（AR），二硫化碳（AR）。

4. 溶液 二硫化碳制 0.05% ［苯－甲苯（1∶1）］溶液。

四、实验步骤

（一）开机、平衡

1. 开机 按仪器操作规程操作；接通载气，开启仪器。设置色谱条件（参考值）：气体流速：载气（氮气）：流速根据所用色谱柱确定，填充柱 20～50ml/min，毛细管柱 1～3ml/min；燃气（氢气）：40ml/min；助燃气（空气）：350ml/min。温度：气化室：120℃；柱箱：80℃；检测器：130℃。

2. 点火后，待基线平直。

3. 打开色谱工作站，设定工作参数。

（二）进样分析

1. 进样 量取样品溶液 0.6μl，注入气相色谱仪，连续进样 5 次。

2. 分析 根据色谱图上各组分峰的参数，按公式计算理论塔板数（n）、理论塔板高度（H）、分离度（R）、重复性（RSD）。

（三）仪器复原

1. 关机 实验完毕，按仪器操作规程操作；降温，关闭燃气、助燃气，最后关闭载气。

2. 归位 物品归位，登记仪器使用记录。

五、数据记录及处理

1. 色谱条件

色谱柱________________；柱温________℃；

载气：________；载气流速________________ ml/min；

检测器________；检测器温度________ ℃；量程________；

辅助气：H_2________ ml/min，空气________ ml/min；气化室温度：________℃。

2. 保留时间 t_R、半峰宽 $W_{h/2}$（或峰底宽 W）等。

	t_R	W（$W_{h/2}$）	n	H	R
苯					
甲苯					

3. 重复性

	1	2	3	4	5	
$A^{苯}$						
$A^{甲苯}$						
$A^{甲苯}/A^{苯}$						
RSD（%）						

六、注意事项

1. 实验前认真预习气相色谱仪使用方法及使用注意事项。本实验也可采用 TCD 检测器。

2. 注意使用微量注射器的操作要领，尽量避免针头和针芯被折弯。进样前应先用待测溶液润洗数次，量取样品时，如有气泡，可将针尖朝上，推动针芯，赶出气泡。

3. 计算时应注意 t_R 和 W 或 $W_{h/2}$ 单位的一致性。

七、思考题

1. 选择柱温的原则是什么？如样品组分中最高沸点为100℃，则柱温、气化室及检测器的温度应怎样选择以进行初步试验？

2. 为什么检测器温度必须高于柱温？

3. 色谱柱的理论塔板数受哪些因素影响？分离度是否越大越好？

实验二十三　气相色谱法测定溶剂残留甲苯含量

一、目的要求

1. 掌握气相色谱仪的操作方法。

2. 掌握内标法测定含量的方法及其计算。

3. 熟悉气相色谱仪的工作原理、构造及使用方法。

二、基本原理

气相色谱的定量方法常采用内标法，内标法又分标准曲线法、一点法（对比法）、校正因子法。使用内标法可抵消仪器稳定性差，进样量不准确等带来的误差。内标法是选择样品中不含有的纯物质作为内标物加入待测样品溶液中，以待测组分和内标物质的响应信号对比，测定待测组分的含量。

1. 内标校正因子法　本法由对照品溶液得到校正因子，在相同条件下分析样品，若已知样品质量及样品中内标物 S 的准确质量，即可由样品色谱图的待测组分 i 和内标物 S 的峰面积计算待测组分质量分数。

$$f = \frac{f'_{iR}}{f'_{SR}} = \frac{m_{iR}/A_{iR}}{m_{SR}/A_{SR}} \quad \Rightarrow \quad m_{ix} = f \times \frac{A_{ix}}{A_{Sx}} \times m_{Sx}$$

式中，f 为相对校正因子；m_i 为待测组分质量；m_S 为内标物质量；A_i 为待测组分峰面积；A_S 为内标物峰面积；R 为对照；x 为样品。

$$\omega_{待测组分} = \frac{m_{ix}}{m_{样}} \times 100\% = f' \times \frac{A_{ix}}{A_{sx}} \times \frac{m_{Sx}}{m_{样}} \times 100\%$$

式中，A_{ix} 为样品中待测组分的峰面积；A_{Sx} 为样品中内标物的峰面积；m_{Sx} 为样品中内标物的质量；$m_{样}$ 为样品质量。

2. 内标一点法　该法在校正因子未知时应用方便。在药物分析中，校正因子多是未知，所以内标一点法是气相色谱法中常用定量分析方法之一。在同体积的对照品溶液和样品溶液中，各加入相同量的内标物 S，分别进样分析，由下式即可计算样品溶液中待测组分的浓度。

$$c_{ix} = \frac{A_{ix}/A_{Sx}}{A_{iR}/A_{SR}} \times c_{iR}$$

甲苯是药物或药用辅料制备过程中常见的有机溶剂之一，在成品中常有残留，其检出限量为 0.089%。可采用 GC 法测定，以苯为内标。计算公式：

$$\omega_{甲苯} = \frac{c_{ix} \times D}{m_{样}} \times 100\ \%$$

式中，D 为稀释倍数，$m_{样}$ 为样品质量。

三、仪器与试剂

1. 仪器　气相色谱仪（配置氢火焰离子化检测器），微量注射器，容量瓶，移液管。

2. 色谱柱　20% 聚乙二醇 20M（柱长 2m）。

3. 试剂　苯（AR），甲苯（AR），二硫化碳（AR），0.9g/L 甲苯对照品储备液（二硫化碳溶液），0.9g/L 内标物苯储备液。

4. 样品　某药物或辅料。

四、实验步骤

（一）开机、平衡

按照仪器操作规程，开机，设置参数。

色谱参考条件　气体流速：载气（氮气）流速根据所用色谱柱确定，填充柱 20～50ml/min，毛细管柱 1～3ml/min；燃气（氢气）40ml/min；助燃气（空气）350ml/min。温度：气化室 120℃；柱箱 80℃；检测器 130℃。

（二）溶液制备

1. 对照品溶液　精密量取甲苯对照品储备液（0.9g/L）1ml 于 10ml 容量瓶中，精密加入内标物苯储备液（0.9g/L）1ml，加二硫化碳至刻度，摇匀。

2. 供试品溶液　取样品 1g，精密称定，置 10ml 容量瓶中，精密加入内标物苯溶液（0.9g/L）1ml，加二硫化碳至刻度，摇匀。

（三）进样分析

将对照品溶液与供试品溶液分别进样 0.6μl，进行分析；平行测定 2 次。根据色谱图上各组分的峰面积，分别采用内标校正因子法和一点法计算供试样品中甲苯的含量。

五、数据记录及处理

1. 内标校正因子法

对照品________mg；内标物________mg；样品________g

	A_i	A_S	m_S	f	$\bar{f}_i$	$w_{组分}$（%）	$\overline{w}_{组分}$（%）
对照品 1						—	—
对照品 2						—	
样品 1				—	—		
样品 2				—	—		

2. 内标一点法

对照品________mg；样品________g

	A_i	A_S	A_i/A_S	w（%）	$\overline{w}$（%）
对照品 1				—	—
对照品 2				—	
样品 1					
样品 2					

六、思考题

1. 内标法对内标物的要求是什么？
2. 内标法的优缺点是什么？比较内标对比法与内标校正因子法。
3. 甲苯的溶剂残留选择 GC 法测定，是否可以采用 HPLC 法？首选何者？为什么？

实验二十四　气相色谱法测定合成冰片含量

一、目的要求

1. 掌握气相色谱法测定中药制剂中成分含量的方法和原理。
2. 熟悉气相色谱仪进行含量测定的操作过程。

二、实验提要

冰片为龙脑（212℃）和异龙脑（210℃）的混合物，具挥发性。因此本实验采用 GC 法，对合成冰片所含龙脑进行测定，并用内标法计算含量。采用水杨酸甲酯（223℃）作为内标物。

（计算公式参见本章实验二十三）

三、仪器与试剂

1. 仪器　气相色谱仪（配 FID 检测器），微量进样器。

2. 试剂 龙脑对照品，水杨酸甲酯（色谱纯），乙酸乙酯（AR）。

3. 样品 合成冰片（市售品）。

四、实验步骤

（一）溶液制备

（1）内标溶液 取水杨酸甲酯125mg，精密称定，置25ml容量瓶中，加乙酸乙酯至刻度，摇匀，即得（$c_S=5mg/ml$）。

（2）对照品溶液 取龙脑对照品20mg，精密称定；置10ml容量瓶中，加内标溶液至刻度，摇匀，即得（$c_R=2mg/ml$）。

（3）供试品溶液 取合成冰片50mg，精密称定；置10ml容量瓶中，加内标溶液使溶解，并稀释至刻度，摇匀，即得（$c_{样}=5mg/ml$）。

（二）测定

1. 分别量取上述各样品0.6μl，注入气相色谱仪，进行测定。

2. 色谱条件（参考）

（1）色谱柱 弱极性柱OV-1（100%聚二甲基聚硅氧烷）（30m×0.53mm id 1.0μm）。

（2）柱温 初始70℃，保持2min，以9℃/min升至180℃，保持1min。

（3）气化室温度 230℃，不分流。

（4）检测器温度 300℃。

（5）载气 N_2，柱前压：100kPa左右。

（6）H_2 50kPa；空气：50kPa。

（7）理论塔板数 n 按龙脑峰计算应不低于10万；分离度：$R>1.5$；对称因子 T：0.95~1.05。

五、数据记录和处理

略。参见本章实验二十三。

六、注意事项

1. 仪器室要通风良好。
2. 测定前要检查仪器各部件使用是否正常，是否漏气。
3. 含杂质较多的样品，要经过净化后使用，以免污染样品室或毛细管柱。
4. 实验完成后，要先将各温度降至50°C以下，再关闭程序及各部件，最后关掉载气。

七、思考题

1. 使用内标法定量如何选择内标物？对内标物有哪些要求？
2. 试述气相色谱各种定量方法的优缺点及适用范围。
3. 气相色谱测定如何选择合适的柱温或升温程序？
4. 气相色谱适合哪些成分的测定？

实验二十五　高效液相色谱仪基本操作与系统适应性试验

一、目的要求

1. 学习高效液相色谱仪的使用方法。
2. 掌握色谱柱理论塔板数和理论塔板高度、色谱峰拖尾因子和分离度的计算方法。
3. 熟悉高效液相色谱仪的构造及工作原理。
4. 熟悉考察色谱柱的基本特性的方法和指标。

二、实验提要

1. 理论塔板数和理论塔板高度　在色谱柱性能测试中，理论塔板数或理论塔板高度反映了色谱柱本身的特性，是一个具有代表性的参数，可以用其衡量柱效能。根据塔板理论，理论塔板数越大，板高越小，柱效能越高，用各色谱峰的保留时间和峰的区域宽度计算。

$$n = 5.54\left(\frac{t_R}{W_{h/2}}\right)^2 = 16\left(\frac{t_R}{W}\right)^2 \qquad H = \frac{L}{n}$$

2. 拖尾因子　色谱柱的热力学性质和柱填充的均匀与否，将影响色谱峰的对称性，色谱峰的对称性用峰的拖尾因子（T）来衡量，对称的色谱峰 T 应在 0.95 ~ 1.05 之间。

$$T = \frac{W_{0.05h}}{2A}$$

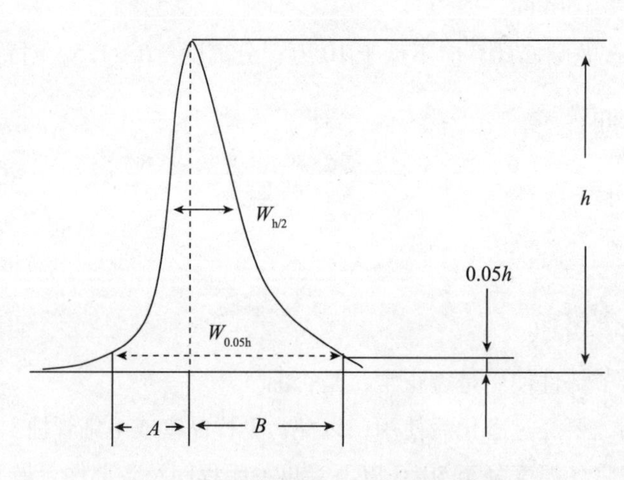

图 4-8　计算拖尾因子的参数示意图

3. 分离度　分离度是从色谱峰判断相邻两组分在色谱柱中总分离效能的指标，用 R 表示。相邻两组分的分离度应大于 1.5，才能达到基线分离。

$$R = \frac{2(t_{R_2} - t_{R_1})}{W_1 + W_2} = \frac{2(t_{R_2} - t_{R_1})}{1.70(W_{1,\frac{h}{2}} + W_{2,\frac{h}{2}})}$$

各类型色谱柱考察性能的常用化合物及操作条件见表 4-5。

表 4-5 色谱柱类型与操作条件

柱类型	检测用化合物	流动相
吸附柱	苯、甲苯、萘、联苯	乙烷或庚烷
反相柱	苯、甲苯、萘、菲、联苯等	甲醇-水(80:20)
氰基柱	甲苯、苯乙腈、二苯酮等	乙烷-异丙醇(98:2)
氨基柱	联苯、菲、硝基苯等	庚烷或异辛烷
醚基柱	邻、间、对-硝基苯胺等	乙烷-二氯甲烷-异丙醇(70:30:5)

三、仪器与试剂

1. 仪器 高效液相色谱仪(配置紫外检测器),微量注射器或自动进样器,溶剂过滤器(0.45μm)及脱气装置。

2. 色谱柱 C_{18}反相键合色谱柱(150mm×4.6mm id,5μm)。

3. 试剂 苯(AR),甲苯(AR),甲醇(色谱纯),重蒸水(新制)。

4. 样品溶液 0.05% [苯和甲苯(1:1)] 甲醇溶液。

四、实验步骤

1. 配制流动相 分别量取适量甲醇(色谱纯)与重馏水,混合后,用0.45μm滤膜过滤脱气。

2. 开机 按仪器操作规程操作,依次打开电脑、色谱仪各组件电源,待仪器自检通过,设置流速、安装色谱柱。

3. 设置色谱条件 色谱条件(参考):色谱柱:C_{18}反相键合色谱柱(150mm×4.6mm id,5μm);柱温:30℃;流动相:甲醇-水(80:20);流速:1ml/min;检测波长:254nm。

4. 平衡 待基线平直。

5. 进样 用微量注射器量取样品溶液10μl,注入色谱仪分析,记录色谱图,并做数据处理、打印(连续进样分析,重复5次)。

6. 仪器复原 实验完毕,根据要求,用纯甲醇冲洗色谱柱后,关机,登记使用记录。

五、数据记录及处理

1. 色谱条件:

色谱柱:____________________;柱温:________ ℃;

流动相:________________;流速________ ml/min;

检测器:________________;检测波长____________。

2. 记录组分名、保留时间、半峰宽(或峰宽)、峰面积等参数,分别计算苯和甲苯的理论塔板数、理论塔板数高度、拖尾因子及分离度、重复性。

	t_R	W 或 $W_{1/2}$	$W_{0.05h}$	n	H	T	R_s
苯							
甲苯							

3. 重复性

	1	2	3	4	5	
$A_{苯}$						
RSD（%）						

六、注意事项

1. 实验前认真预习高效液相色谱仪使用方法及使用注意事项。

2. 手动进样器要用平头微量注射器，不可用气相分析的尖头微量注射器，注意使用时的操作要领，防止针头和针芯细长折弯。使用前应先用待测溶液洗涤数次，量取样品时，注射器中不应有气泡。

3. 注意流动相不能流干，废液瓶及时清空，以免废液溢出。

七、思考题

1. 流动相在使用前为何要脱气？

2. 本实验的流动相和固定相哪个极性大？依据色谱原理属何类型？

3. 本实验固定相有哪些特性？

实验二十六　高效液相色谱法测定溶剂残留苯含量

一、目的要求

1. 掌握高效液相色谱法中常用的定量分析方法。

2. 巩固高效液相色谱仪的使用。

二、实验提要

高效液相色谱的定量方法常采用外标法，外标法有标准曲线法、一点法和两点法，当标准曲线为过原点的一直线时，则可用一点法进行含量测定，其误差来源主要为来自进样量的不准确。在药物分析中，为了减小实验条件波动对分析结果的影响，常采用随行外标一点法，即每次测定都同时进对照品与样品溶液。

在同一台仪器同样的分析条件下，进同样体积的对照品溶液和样品溶液分析，则有

$$\frac{A_x}{A_R} = \frac{c_x}{c_R} \quad 即 \quad c_x = \frac{A_x}{A_R} \times c_R$$

苯是药物或药用辅料制备过程中常见的有机溶剂之一，在成品中常有残留，要求其检出限量为0.01%。以苯的最大吸收波长254nm作为检测波长，在一定浓度范围内，峰面积与含量成正比关系，因此，可采用外标一点法测定苯的含量。

三、仪器与试剂

1. 仪器　高效液相色谱仪（配置紫外检测器），微量注射器或自动进样器，溶剂过滤器（0.45m）及脱气装置。

2. 色谱柱　C_{18}反相键合相色谱柱（150mm×4.6mm id，5μm）

3. 试剂　苯（AR），甲醇（色谱纯），重蒸水（新制）。

4. 样品　供试样品（原料药或药用辅料）。

四、实验步骤

（一）实验准备

1. 流动相的配制　量取甲醇（色谱纯）和重蒸水适量，置量筒中混合后，用0.45μm滤膜过滤脱气。

2. 对照品溶液制备　精密量取苯对照品贮备液（0.1mg/ml）1ml，置于10ml容量瓶中，加甲醇稀释至刻度，摇匀，即得。

3. 供试品溶液制备　精密称取某供试样品细粉约1g，置于50ml具塞三角烧瓶中，精密加入甲醇10ml，振摇使本品分散，密塞振摇1h，取上清液作为供试品溶液，用0.45μm滤膜过滤，即得。

（二）测定

1. 开机　按仪器操作规程操作，依次打开电脑、色谱仪各组件电源，待仪器自检通过，设置流速、安装色谱柱。

2. 设置色谱条件　色谱条件（参考）：色谱柱：C_{18}反相键合色谱柱（150mm×4.6mm id，5μm）；柱温：30℃；流动相：甲醇-水（80:20）；流速：1ml/min；检测波长：254nm。

3. 平衡　待基线平直。

4. 进样分析　用微量注射器精密量取对照品和供试品溶液10μl，分别注入高效液相色谱仪进行分析，记录色谱图，根据对照品和供试品溶液色谱图上对应峰的面积用外标一点法计算其含量。

（三）仪器复原

实验完毕，根据要求，用纯甲醇冲洗色谱柱后，关机，登记使用记录。

五、数据记录及处理

溶液	进样次数	A	$A_{平均}$	$c_{样}$（mg/ml）	$w_{苯}$（%）
对照品	1				—
	2				
样品	1				
	2				

六、思考题

1. 外标一点法的主要误差来源是什么？欲获准确的实验结果，在实验操作中应注意那些问题？使用六通阀手动进样器时要注意什么？

2. 试述高效液相色谱法流动相的注意事项。

实验二十七　高效液相色谱法测定橙皮苷含量

一、目的要求

1. 掌握高效液相色谱法测定中药中橙皮苷含量的原理与方法。

2. 熟悉高效液相色谱仪的使用及注意事项。

二、实验提要

外标法可分为外标一点法、外标二点法和标准曲线法。当标准曲线截距为零时，可用外标一点法定量。本实验利用十八烷基键合相色谱柱，UV283nm 为检测波长，外标一点法测定陈皮中橙皮苷的含量。

计算公式参见本章实验二十六。

三、仪器与试剂

1. 仪器 高效液相色谱仪（配紫外检测器），超声清洗机，溶剂过滤器，0.45μm 微孔滤膜，微量注射器，容量瓶，移液管，色谱柱。

2. 试剂 橙皮苷对照品，甲醇（色谱纯），重蒸水。

3. 样品 陈皮药材。

四、实验步骤

（一）实验准备

1. 流动相配制 量取甲醇（色谱纯）和0.5%磷酸水溶液适量，置量筒中混合后，用0.45μm 滤膜过滤脱气。

2. 对照品溶液制备 精密称取橙皮苷对照品适量，用乙醇配制为0.2mg/ml 的溶液。

3. 供试品溶液制备 取陈皮0.3g，精密称定，置100ml 具塞烧瓶中，准确加入乙醇50ml，加塞称重，超声提取15min 后，放置室温，再称重，并用乙醇补足减失的重量，摇匀。用0.45μm 微孔滤膜过滤，取续滤液，即得。

（二）测定

1. 开机 按仪器操作规程操作，依次打开电脑、色谱仪各组件电源，待仪器自检通过，设置流速、安装色谱柱。

2. 设置色谱条件 色谱条件（参考）：色谱柱：C_{18}柱（25cm×4.6mm id，5μm）；流动相：甲醇-0.5%磷酸水（43:57）；流速：1ml/min；检测波长：283nm。

3. 平衡 待基线平直。

4. 进样分析 用微量注射器精密量取对照品和供试品溶液5μl，分别注入高效液相色谱仪进行分析，记录色谱图，根据对照品和样品溶液色谱图上对应峰的面积，用外标一点法计算其含量。

（三）仪器复原

实验完毕，根据要求，先用5%甲醇冲洗15min，再用纯甲醇冲洗色谱柱后，关机，登记使用记录。

五、数据记录及处理

参见本章实验二十六。

六、注意事项

1. 注意仪器使用注意事项与色谱柱的维护。
2. 仪器使用过程中，如发现泵压异常或漏夜，要及时查找原因。

七、思考题

1. 测定前流动相应如何处理？测定完成后如何清洗色谱柱？如何保存？
2. 如何选用外标一点法、外标二点法和标准曲线法测定含量？外标一点法主要误差来源是什么？
3. 紫外检测器的特点是什么？适用于哪些物质的测定？

实验二十八 高效液相色谱法测定黄芩苷含量

一、目的要求

1. 掌握高效液相色谱法中常用的定量分析方法。
2. 了解高效液相色谱法在中药有效成分含量测定中的应用。
3. 巩固高效液相色谱仪的操作。

二、实验提要

黄芩苷是中药材黄芩的主要有效成分，是成药银黄片和银黄口服液等的主要成分，也是黄芩提取物的主要成分，属于黄酮类成分。经 HPLC 分离，以其紫外最大吸收波长 280nm 作为检测波长，在一定浓度范围内，峰面积与含量成正比关系，可采用外标一点法测定其含量。

计算公式参见本章实验二十六。

三、仪器与试剂

1. 仪器 高效液相色谱仪（配置紫外检测器），微量注射器或自动进样器，溶剂过滤器（0.45μm）及脱气装置。

2. 色谱柱 C_{18}反相键合色谱柱（150mm×4.6mm id，5μm）。

3. 试剂 黄芩苷对照品，甲醇（色谱纯），磷酸（AR），重蒸水（新制）。

4. 样品 黄芩提取物。

四、实验步骤

（一）实验准备

1. 流动相配制 量取甲醇（色谱纯）和0.5%磷酸溶液适量，置量筒中混合后，用0.45μm 滤膜过滤脱气。

2. 对照品溶液制备 取黄芩苷对照品 10mg，精密称定，置 25ml 容量瓶中，加甲醇至刻度，摇匀，精密量取 4ml，置 25ml 容量瓶中，加甲醇至刻度，摇匀，即得。

3. 供试品溶液制备 取黄芩提取物 10mg，精密称定，置 25ml 容量瓶中，加甲醇适量使溶解，再加甲醇至刻度，摇匀，精密量取 5ml，置 25ml 容量瓶中，加甲醇至刻度，摇匀，用 0.45μm 滤膜滤过，取续滤液，即得。

（二）测定

1. 开机 按仪器操作规程操作，依次打开电脑、色谱仪各组件电源，待仪器自检通过，设置流速、安装色谱柱。

2. 设置色谱条件 色谱条件（参考）：色谱柱：C_{18}反相键合色谱柱（150mm × 4.6mm id，5μm）；柱温：30℃；流动相：甲醇 - 0.5% 磷酸（47∶53）；流速：1ml/min；检测波长：280nm。

3. 平衡 待基线平直。

4. 进样分析 用微量注射器精密量取对照品和供试品溶液 10μl，分别注入高效液相色谱仪进行分析，记录色谱图，根据对照品和供试品溶液色谱图上对应峰的面积，用外标一点法计算其含量。

（三）仪器复原

实验完毕，根据要求，先用5%甲醇冲洗色谱柱中的酸，再用纯甲醇冲洗色谱柱后，关机，登记使用记录。

五、数据记录及处理

参见本章实验二十六。

六、思考题

1. 外标一点法的主要误差来源是什么？欲获准确的实验结果，在实验操作中应注意那些问题？
2. 使用六通阀手动进样器时要注意什么？
3. 试述维护高效液相色谱柱的方法。

实验二十九　高效液相色谱法测定对乙酰氨基酚含量

一、目的要求

1. 掌握 HPLC 法的测定步骤和结果计算方法。
2. 巩固高效液相色谱仪的操作。

二、实验提要

对乙酰氨基酚原料药在生产过程中可能残留对氨基酚等中间体，经 HPLC 分离后，以紫外 257nm 为检测波长，可采用外标一点法测定对乙酰氨基酚的含量（计算公式见本章实验二十六）。

三、仪器与试剂

1. 仪器 高效液相色谱仪（配紫外检测器），C_{18}色谱柱，微量注射器，溶剂过滤器（0.45μm）及脱气装置，分析天平（0.01mg），容量瓶，移液管。

2. 试剂 对乙酰氨基酚（对照品），甲醇（色谱纯），醋酸铵（AR），重馏水（自制）。

3. 样品 对乙酰氨基酚原料药。

四、实验步骤

（一）实验准备

1. 流动相的配制 量取甲醇（色谱纯）和 0.05mol/L 醋酸铵溶液适量，置量筒中混合后，用 0.45μm 滤膜过滤脱气。

2. 对照品溶液制备 取对乙酰氨基酚对照品约 10mg，精密称定，置 25ml 容量瓶中，加甲醇使溶解并稀释至刻度，摇匀；精密量取2ml，置10ml容量瓶中，用流动相稀释至刻度，摇匀，过0.45μm微孔滤膜，取滤液。

3. 供试品溶液制备　取对乙酰氨基酚原料药约10mg，精密称定，按“对照品溶液制备”项下，自“置25ml容量瓶”起，至“取滤液”，即得。

（二）测定

1. 开机　按仪器操作规程操作，依次打开电脑、色谱仪各组件电源，待仪器自检通过，设置流速、安装色谱柱。

2. 设置色谱条件　色谱条件（参考）：色谱柱：C_{18}柱（15cm×4.6mm id，5μm）；流动相：0.05mol/L醋酸铵溶液－甲醇（85∶15）；流速：1ml/min；检测波长：257nm。

3. 平衡　待基线平直。

4. 进样分析　用微量注射器精密量取对照品和供试品溶液10μl，分别注入高效液相色谱仪进行分析，记录色谱图，根据对照品和样品溶液色谱图上对应峰的面积，用外标一点法计算其含量。

（三）仪器复原

实验完毕，根据要求，先用5%甲醇冲洗色谱柱中的盐，再用纯甲醇冲洗色谱柱后，关机，登记使用记录。

五、数据记录及处理

参见本章实验二十六。

六、思考题

1. 外标一点法的主要误差来源是什么？欲获准确的实验结果，在实验操作中应注意哪些问题？
2. 配制供试品溶液时，为什么使其浓度与对照品溶液的浓度接近？
3. 试述高效液相色谱法流动相的注意事项。

实验三十　高效液相色谱法测定咖啡因含量

一、目的要求

1. 掌握高效液相色谱法的基本原理。
2. 掌握标准曲线法定量的实验技术。
3. 了解高效液相色谱仪的使用及日常维护。

二、实验提要

咖啡因，化学名为1,3,7－三甲基黄嘌呤，中小极性分子，是一种中枢神经兴奋剂，能兴奋大脑皮层，使人精神兴奋。目前可由茶叶及咖啡中提取，咖啡因甲醇溶液在270nm波长处有最大吸收。每克咖啡因可溶于46ml水，66ml乙醇中。

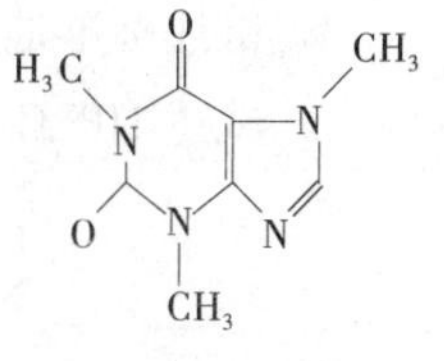

三、仪器和试剂

1. 仪器　高效液相色谱仪，UV检测器，色谱纯C_{18}键合色谱柱，超声波发生器，容量瓶，移液管。

2. 试剂 咖啡因（对照品），甲醇（色谱纯），重蒸水。

3. 咖啡因储备液 取咖啡因对照品 20mg，精密称定，于 100ml 容量瓶中，用甲醇溶解并定容，摇匀，得 0.2mg/ml 咖啡因储备液。

4. 样品 可口可乐饮料（或其他含咖啡因饮品，如咖啡、茶等）。

四、实验步骤

（一）溶液制备

1. 流动相 参考：甲醇-水（32∶68），过滤、脱气，待用。

2. 咖啡因系列标准溶液制备 分别正确量取 0.2mg/ml 咖啡因储备液 1ml、2ml、3ml、4ml、5ml 于 10ml 容量瓶中，用超纯水定容至刻度，摇匀，得浓度分别为 20、40、60、80、100μg/ml 的系列标准溶液。

3. 供试品溶液制备 将 25ml 可口可乐置于 100ml 烧杯中，剧烈搅拌 30min（或用超声波脱气 5min，赶净 CO_2），取 5ml 用 0.45μm 的滤膜过滤，然后取适量注入 2ml 自动进样瓶，备用。

（二）分析测定

1. 色谱条件（参考） 柱温：室温；流动相：甲醇-水（32∶68）；流速：1.0ml/min；检测波长：270nm。（改变流动相比例，以 n、R、T 衡量系统适应性，确定色谱条件）

2. 绘制工作曲线 待基线平直后，分别正确量取咖啡因系列标准溶液 10μl 注入色谱仪分析，记录峰面积与保留时间。重复两次，要求两次所得的咖啡因色谱峰面积相对偏差小于 2%。

3. 样品测定 正确量取供试品溶液 10μl 注入色谱仪分析。根据保留时间确定供试品中咖啡因色谱峰位置，记录咖啡因色谱峰面积，重复两次。

五、数据记录与处理

1. 确定标准溶液中咖啡因和供试品溶液中咖啡因的保留时间及记录不同浓度下其峰面积。
2. 根据咖啡因系列标准溶液的色谱图，绘制咖啡因峰面积与其浓度的关系曲线。
3. 根据样品中咖啡因色谱峰的峰面积，由工作曲线计算可口可乐中咖啡因含量（用 μg/ml 表示）。

六、注意事项

1. 液体样品不能直接进样，必须经过处理，否则会影响色谱柱寿命。
2. 若分析茶叶、咖啡中咖啡因含量，流动相比例可作适当调整，供试品溶液制备也可根据样品性质采取适当方法处理，并且根据各类茶叶、咖啡中咖啡因的含量差异，取样量可酌量增减。
3. 为获得良好结果，供试品溶液和标准溶液的进样体积要一致。

七、思考题

1. 试述标准曲线法的优缺点。
2. 试述 HPLC 外标法测定含量时影响结果准确性的主要因素。

第五章　综合及设计性实验

实验一　食用白醋中总酸含量测定（综合）

一、目的要求

1. 掌握食用白醋中总酸量的测定原理和方法。
2. 掌握 NaOH 标准溶液的配制和标定方法。
3. 掌握滴定管、容量瓶和移液管的规范使用。

二、基本原理

食用白醋的主要成分是醋酸（HAc，$C_2H_4O_2$，$M = 60.05\mathrm{g/mol}$），离解常数 $K_a = 1.75 \times 10^{-5}$，此外还含有少量如乳酸等其他弱酸。食用白醋中总酸含量在 3% ~5%，可通过用 NaOH 标准溶液滴定，测定总酸量，常以醋酸表示。滴定反应的产物是弱酸的共轭碱，化学计量点时溶液 pH 在 8.7 左右，故可采用酚酞作指示剂。其反应为：$NaOH + HAc \xlongequal{} NaAc + H_2O$。

计算公式：

$$\omega = \frac{(cV)_{\mathrm{NaOH}} \cdot M_{\mathrm{HAc}}}{V_{\text{样}} \times 1000} \times 100\%$$

三、仪器与试剂

1. 仪器　分析天平（0.1mg），25ml 碱式滴定管，称量瓶，100ml 容量瓶，250ml 锥形瓶，10ml 和 25ml 移液管。

2. 试剂　NaOH（AR），酚酞（指示剂），邻苯二甲酸氢钾（基准），酚酞指示液（见第三章实验七）。

3. 样品　食用白醋（市售）

四、实验步骤

（一）0.1mol/L NaOH 标准溶液配制与标定

参见第三章实验七。

（二）食用白醋含量测定

精密量取食用白醋 10ml 置 100ml 容量瓶中，用新沸过的冷蒸馏水稀释至刻度，摇匀。精密量取 25ml 稀释液于 250ml 锥形瓶中，加入 2 ~3 滴酚酞指示液，用 0.1mol/L NaOH 标准溶液滴定至溶液呈粉红色（保持 30s 不褪色），即为终点。记录滴定体积，计算总酸含量（以每 100ml 食用白醋中含醋酸的克数计）。平行测定三份，要求相对平均偏差应小于 0.2%。

五、数据记录与处理

参见第三章相应实验记录格式。

1. 0.1mol/L NaOH 标准溶液标定。

2. 食用白醋含量测定。

六、注意事项

1. 由于溶解于水中的 CO_2 会消耗 NaOH 标准溶液，注意在测定总酸含量时，稀释所用蒸馏水应用新沸过的蒸馏水。

2. 注意滴定量是取样量的四分之一。

七、思考题

1. 用 NaOH 标准溶液测定食醋总酸含量时，选用酚酞作指示剂的依据是什么？可否选用甲基橙或甲基红？

2. 测定醋酸含量时，所用的蒸馏水能不能有 CO_2，为什么？

3. 标定 NaOH 标准溶液的基准物质常用的有哪几种？

实验二　混合磷酸盐分析（设计）

一、目的要求

1. 巩固水溶液中酸碱滴定法测定含量的应用。

2. 巩固双指示剂法用于混合物组成判断与组分含量测定的原理、方法。

3. 巩固滴定分析器皿的规范使用。

二、实验要求

1. 设计实验方案，分析判断混合磷酸盐的组分，并测定各组分含量。（提示：包括实验原理、仪器与试剂、实验方案、操作步骤；所用标准溶液的配制与标定）

2. 完成实验内容。

3. 撰写完成实验报告

（1）设计表格并填写实验数据。

（2）计算样品中组分含量。

实验三　葡萄糖酸钙锌口服液含量测定（设计）

一、实验目的

1. 巩固配位滴定分析法的应用。

2. 熟悉常见金属指示剂的使用方法。

二、实验要求

1. 设计实验方案，测定葡萄糖酸钙锌口服液中锌和钙的含量。（提示：包括实验原理、仪器与试剂、实验方案、操作步骤；含所用标准溶液的配制与标定）

2. 完成实验内容。

3. 撰写完成实验报告

（1）设计并填写实验数据处理表格。

（2）计算样品浓度与标示百分含量。

附：葡萄糖酸钙锌口服液规格 每 10ml 含葡萄糖酸钙（$C_{12}H_{22}CaO_{14} \cdot H_2O$）600mg（含 Ca 为 54mg）、葡萄糖酸锌（$C_{12}H_{22}ZnO_{14}$）30mg（含 Zn 为 4.2mg）。

实验四 昆布中碘含量测定（综合）

一、目的要求

1. 巩固碘量法的应用与操作技术。

2. 学习样品分析前处理方法。

二、基本原理

《中国药典》收载的昆布包括海带和昆布，具有软坚消结之功效，富含碘。药典中前处理方法采用干法消化，使所含碘转化为 I_2，用 $Na_2S_2O_3$ 标准溶液滴定反应生成的 I_2。滴定反应为：

$$I_3^- + 2\ S_2O_3^{2-} \rightleftharpoons 3I^- + S_4O_6^{2-}$$

计算公式：$\omega_{I_2} = \dfrac{c_{Na_2S_2O_3} \times V_{Na_2S_2O_3} \times M_{I_2}}{2 \times m_s \times 1000} \times 100\%$

规定：样品按干燥品计算，海带含碘（I_2）不得少于 0.35%；昆布含碘（I_2）不得少于 0.20%。

三、仪器与试剂

1. 仪器 分析天平（0.1mg），25ml 酸式滴定管，250ml 碘量瓶，100ml 容量瓶，25ml 移液管，马弗炉，漏斗，瓷坩埚，滤纸，称量瓶。

2. 试剂 甲酸钠、KI、溴、硫酸、可溶性淀粉（均为 AR 级），甲基橙（指示剂），0.01mol/L $Na_2S_2O_3$ 标准溶液（同第三章实验十九，使用前用新沸过的冷蒸馏水准确稀释 10 倍），1% 淀粉指示液（同第三章实验十九），甲基橙指示液（同第三章实验六）。

3. 样品 海带或昆布。

四、实验步骤

1. 灰化 取剪碎的昆布（海带）约 2g，精密称定，置瓷坩埚中，缓缓加热灼烧，温度每上升 100℃维持 5min，升温至 400 ~ 500℃时维持 40min，取出，放置冷却。炽灼残渣置于烧杯中，加水 20ml，煮沸约 5min，滤过，残渣用水重复处理 2 次。每次 20ml，滤过，合并滤液，滤渣用热水洗涤 3 次，洗涤液与滤液合并置于 100ml 容量瓶中，加水至刻度。

2. 滴定 精密量取上述溶液25ml，置250ml碘量瓶中，加25 ml水与甲基橙指示液2滴，滴加稀硫酸至显红色，加新制溴试液5ml，加热至沸，沿瓶壁加20%甲酸钠溶液5ml，再加热10～15min，用热水洗瓶壁，放置冷却，加稀硫酸5ml与15%碘化钾溶液5ml，立即用0.01mol/L $Na_2S_2O_3$标准溶液滴定至近终点，加1%淀粉指示液1ml，继续滴定至蓝色消失。记录滴定体积，计算含量。

3. 水分测定（参见第三章实验三） 计算干燥品含量，平行测定3次，相对平均偏差应小于0.3%。

五、数据记录及处理

1. 设计表格并记录、处理数据。
2. 以每1ml $Na_2S_2O_3$滴定液（0.01mol/L）相当于0.2113mg的I_2，计算样品中碘（I_2）的含量（以干品计），并与《中国药典》规定值比较。

六、注意事项

1. 注意灼烧温度控制，不宜过高，否则会使碘化物分解而导致碘挥发。
2. 加热至沸时注意控制时间，防止干烧。
3. 注意控制洗涤水量。

七、思考题

1. 请说明本实验中所加各试液的作用。
2. 试述本实验分析结果的影响因素。

实验五 水中化学耗氧量测定（综合）

一、实验目的

1. 熟悉水中化学耗氧量的测定方法。
2. 了解水中化学耗氧量的含义、表示方法及测定其的意义。

二、基本原理

水中化学耗氧量（简称COD）是水质检测重要指标之一，是指特定条件下，水中还原性物质所消耗氧化剂的量，换算成氧的质量浓度（以mg/L计）。

水所含有NO_2^-、S^{2-}、Fe^{2+}等无机还原性物质，少量有机物因腐烂使水中微生物繁殖，污染水质；当水中COD高，且酸度升高时，严重影响工农业生产，在制药行业，将影响药品质量。

COD的测定可采用$KMnO_4$法、$K_2Cr_2O_7$法，$KMnO_4$适宜测定地面水、河水等污染不十分严重的水。

本法采用在酸性溶液中，加入定量过量的$KMnO_4$标准溶液，加热使之与水中有机物作用完全，再加入定量过量的$Na_2C_2O_4$标准溶液，使与过量的$KMnO_4$作用，最后剩余的$Na_2C_2O_4$再用$KMnO_4$标准溶液滴定。相关反应为：

$$4MnO_4^- + 5C + 12H^+ \xlongequal{} 4Mn^{2+} + 5CO_2\uparrow + 6H_2O$$

$$2MnO_4^- + 5C_2O_4^- + 16H^+ \xlongequal{} 2Mn^{2+} + 8H_2O + 10CO_2\uparrow$$

$$5C_2O_4^{2-} + 2MnO_4^- + 16H^+ = 2Mn^{2+} + 10CO_2\uparrow 8H_2O$$

根据滴定剂 $KMnO_4$ 与 O_2 的计量关系，求出每升水样耗氧的质量。同时用蒸馏水代替水样，进行空白试验，校正分析结果。计算公式：

$$COD = \frac{\left\{[c_{KMnO_4} \times (V_1 + V_2)_{KMnO_4} - \frac{2}{5}(cV)_{Na_2C_2O_4}\right\} \times \frac{5}{2} \times 15.999 \times 1000}{V_{水}} (mg/L)$$

三、仪器与试剂

1. 仪器　25ml 酸式滴定管，250ml 锥形瓶，100ml 容量瓶，移液管。

2. 试剂　$Na_2C_2O_4$（基准），$KMnO_4$（AR），Ag_2SO_4（AR），H_2SO_4（1∶3），0.002mol/L $KMnO_4$ 标准溶液（参见第三章实验二十三，用时精密稀释 10 倍）。

四、实验步骤

0.005mol/L $Na_2C_2O_4$ 标准溶液　准确称取干燥恒重的 $Na_2C_2O_4$ 基准试剂 0.34g 于 500ml 容量瓶中，加蒸馏水溶解并稀释至刻度，摇匀，即得。

精密量取水样 100ml，于 250ml 锥形瓶中，加入 H_2SO_4（1∶3）5ml，精密加入 0.002 mol/L $KMnO_4$ 溶液 10ml（V_1），立即加热至沸，煮沸 10min 后，冷却至 90℃以下，精密加入 0.005mol/L $Na_2C_2O_4$ 标准溶液 10ml，充分摇匀，溶液红色褪去。用 0.002 mol/L $KMnO_4$ 溶液滴定，溶液呈稳定的粉红色（30s 不褪）即为终点（终点时溶液温度不低于 55℃），记录滴定体积（V_2）。平行测定三份。

另取蒸馏水 100.0ml 代替水样，进行空白试验，计算空白值，校正结果。

五、数据记录与处理

参见相应实验设计表格，记录并处理数据。

六、注意事项

1. 水中 Cl^- 浓度大于 300mg/L 时影响测定。加水稀释，降低浓度，消除干扰。若不能消除干扰，可加入 Ag_2SO_4 适量（Ag_2SO_4 1g ~ Cl^- 200mg）。水中如有 NO_2^-、S^{2-}、Fe^{2+} 等还原性物质，也干扰测定，应予以消除。

2. 取样后应及时分析测定。如需放置，可加少量 $CuSO_4$ 以抑制微生物对有机物的分解。取样量视水质的污染程度而定，清洁透明的水样一般取 100ml；混浊、污染严重的水样一般取 10 ~ 30ml。

3. 分析测定时需加热至沸，此时溶液仍应为紫红色，否则说明水中有机物较多，应补加适量 $KMnO_4$ 标准溶液。另加热煮沸时间应严格控制。

七、思考题

1. 测定 COD 时，水样中 Cl^- 含量较高时对测定有何干扰？可采用何方法消除？是何原理？

2. 水样中加入 $KMnO_4$ 溶液并在沸水中加热 10min 后应是何颜色？若无色说明什么？应如何处理？

实验六　紫外－可见分光光度法分析维生素 B_{12} 质量（综合）

一、目的要求

1. 巩固紫外可见分光光度计的操作。
2. 巩固吸收曲线的绘制及测量波长选择的方法。
3. 巩固紫外－可见分光光度法在定性、定量分析中的应用。
4. 掌握吸收系数法测定含量以及标示含量的计算方法。

二、实验提要

维生素$_{12}$是一含钴的卟啉类化合物。图 5－1 为维生素 B_{12} 的吸收曲线。分别在波长 278（±1）nm、361（±1）nm 与 550（±1）nm 处有最大吸收。现行版《中国药典》维生素 B_{12} 的鉴别项规定为：A_{361nm}/A_{278nm} 应为 1.70～1.88；A_{361nm}/A_{550nm} 应为 3.15～3.45；含量测定项已知吸收系数 $E_{1cm}^{1\%}$（361nm）为 207，由吸收系数定义，可得：

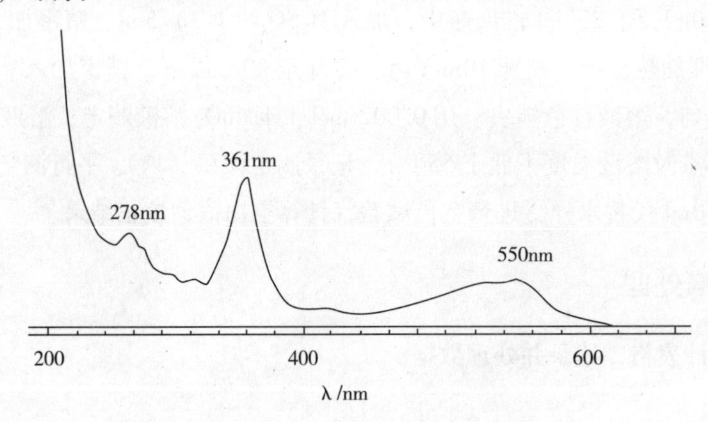

图 5－1　维生素 B_{12} 紫外－可见吸收曲线

$$c_{样} = c_{测} \times D = \frac{A_{测}}{l \times E_{1cm}^{1\%}} \times D \times 10^4 \ (\mu g/ml)$$

式中：D 为稀释倍数。

$$标示含量 = \frac{c_{样}}{标示量} \times 100\%$$

维生素 B_{12} 注射液规格常见有 100μg/ml，合格品的标示含量为 90.0%～110.0%。

三、仪器与试剂

1. 仪器　紫外－可见分光光度计，石英比色皿（1cm），分析天平（0.01mg），移液管，容量瓶。

2. 试剂　乙醇（AR），维生素 B_{12} 原料药。

3. 样品　维生素 B_{12} 原料药，维生素 B_{12} 注射液（100μg/ml）。

四、实验步骤

（一）溶液制备

1. 维生素 B_{12} 原料药溶液　取维生素 B_{12} 原料药 10mg，精密称定，置于 100ml 容量瓶中，加蒸馏水至刻度，摇匀，精密量取3ml，置于10ml容量瓶，加蒸馏水至刻度，摇匀，即得。

2. 维生素B_{12}注射液溶液　精密量取维生素B_{12}注射液（100μg/ml）3ml，置于10ml容量瓶中，加蒸馏水至刻度，摇匀，即得。

（二）测定

1. 开机、预热　按仪器说明书操作，设置仪器参数。

2. 校核比色皿　参见第四章实验四。

3. 绘制吸收曲线并选择测量波长　以蒸馏水作为参比溶液，以维生素B_{12}原料药溶液为测定液，在330～390nm，先每隔10nm测定一次吸光度A，找到波峰和波谷。在波峰附近，每隔2nm测定一次，读取并记录溶液的吸光度A。以波长为横坐标，吸光度A为纵坐标，绘制维生素B_{12}的部分吸收曲线。以吸收曲线上的最大吸收波长（λ_{max}）作为测定波长。或在200～760nm作光谱扫描，选择吸收曲线的最大吸收波长（λ_{max}）作为测量波长。

4. 百分吸收系数$E_{1cm}^{1\%}$　以蒸馏水作为参比溶液，在λ_{max}处测定维生素B_{12}原料药溶液的吸光度（注：如比色皿不配对，需测定λ_{max}处的校正值），根据L－B定律计算$E_{1cm}^{1\%}$，并与药典值比较。

5. 定性鉴别　以蒸馏水作为参比溶液，在278nm、361nm与550nm波长处分别测定维生素B_{12}原料药溶液的吸光度（注：如比色皿不配对，需分别测定278nm、361nm和550nm处的校正值），求比值，按要求进行判断。

6. 含量测定　以蒸馏水作为参比溶液，在λ_{max}波长处测定维生素B_{12}注射液溶液的吸光度（若不配对，减去相应的A_0），依据$E_{1cm}^{1\%}$计算溶液浓度，并计算注射液的标示含量，按要求进行判断。

（三）仪器复原

实验完毕，关机，仪器归位，登记使用记录；清洗比色皿与容量瓶等。

五、数据记录及处理

（1）维生素B_{12}吸收曲线（$T_{水}=100\%$）

λ（nm）	330	340	350	360	370	380	390
A							
λ（nm）	355	357	359	361	363	365	367
A							

以波长λ为横坐标，吸光度A为纵坐标，绘制吸收曲线；λ_{max} = ________ nm

（2）维生素B_{12}定性鉴别

	278nm	361nm	550nm	规定值	结论
A_0					
A					
A_i					
A_{361}/A_{278}				1.70～1.88	
A_{361}/A_{550}				3.15～3.45	

（3）维生素 B_{12}含量测定

A_0	A	A_i	c（μg/ml）	标示含量（%）	规定值	结论
					90.0% ~110.0%	

六、注意事项

1. 绘制吸收曲线时，应由小到大调整测定波长，以防空回引起测定误差。

2. 每变动一次波长，均需对空白溶液调吸光度为 0（百分透光率 100%）。

七、思考题

1. 试比较用标准曲线法与吸收系数法定量的优缺点。

2. 试述百分吸收系数与摩尔吸收系数的物理意义？将本实验中的百分吸收系数换算成摩尔吸收系数（$M_{C_{63}H_{88}CoN_{14}O_{14}P}=1355.38$）。

实验七　邻二氮菲法测定铁含量的条件优化（设计）

一、目的要求

1. 巩固紫外 - 可见分光光度计的操作。

2. 掌握分光光度法实验条件选择的方法。

3. 熟悉对照品溶液、供试品溶液的制备方法。

4. 熟悉中外文献的查阅方法。

二、实验提要

邻二氮菲法测定微量铁的原理参见第四章实验五。显色反应的实验条件包括显色剂的用量、有色溶液的稳定性、溶液的酸度等，此外还要研究干扰物质的影响，反应温度、测定浓度范围、方法适用范围等，需经过试验，最终确定最佳实验条件。

三、实验仪器

紫外 - 可见分光光度计。

四、实验内容

1. 配制各种试剂，制备对照品溶液、供试品溶液。

2. 选择测量条件　测量波长的选择、吸光度范围。

3. 显色反应条件的优化与选择　显色剂用量的选择、各种试剂用量的选择、显色时间的选择等。

4. 在优化测量条件下，测定给定样品中 Fe^{2+} 含量。

五、实验要求

1. 查阅资料，设计给定样品中 Fe^{2+} 含量测定中“测量条件的选择”和“显色反应条件的优化与选择”的实验方案，按照自行拟定的实验方案进行实验，并完成含量测定。

2. 设计的实验方案及所需器皿、试剂、试药必须预先做出书面报告。

3. 要求设计的实验方案合理可行，实验条件具备。

4. 要求在规定的时间内，完成实验内容。

实验八　蔬菜与水果中总抗坏血酸含量测定（综合）

一、目的要求

1. 熟悉荧光分光光度计的基本操作及方法的应用。

2. 了解荧光法定量测定抗坏血酸含量的原理与方法。

二、实验提要

样品中还原性抗坏血酸经活性炭氧化为脱氢抗坏血酸后，与邻苯二胺（OPDA）反应生成有荧光的喹喔啉（quinoxaline），其荧光强度与脱氢抗坏血酸浓度在一定条件下成正比，以此测定食物中抗坏血酸和脱氢抗血酸总量。

脱氢抗坏血酸与硼酸可形成复合物而不与 OPDA 反应，以此排除样品中荧光杂质产生的干扰，本方法最小检出限 0.022mg/L。

该国家标准参照采用国际标准 ISO6557/1－1986《蔬菜、水果及其制品中抗坏血酸的测定方法》。采用标准曲线法，系列标准液荧光强度分别减去标准空白荧光强度为纵坐标，对应的抗坏血酸含量为横坐标，求回归方程。样品溶液荧光强度分别减去相应样品溶液空白荧光强度，由标准曲线得溶液浓度，按下列公式计算样品中抗坏血酸及脱氢抗坏血酸总含量。

$$x = cV/m \times D \times 100/1000 \ (\text{mg/L})$$

式中，x 为样品中抗坏血酸及脱氢抗坏血酸总含量（mg/100g）；c 为由回归方程求得的样品溶液浓度（mg/L）；m 为试样质量（g）；D 为样品溶液的稀释倍数；V 为荧光反应所用试样体积（ml）。

三、仪器与试剂

1. 仪器　荧光分光光度计，捣碎机，实验室常用玻璃器皿。

2. 试剂　偏磷酸，醋酸，硫酸，醋酸钠，硼酸，邻苯二胺，氢氧化钠，活性炭（均为 AR），百里酚蓝（指示剂）。

3. 偏磷酸－醋酸液　取 15g 偏磷酸，加入 40ml 冰醋酸及 250ml 水，加温，搅拌，使溶解，冷却后加水至 500ml，即得（于 4℃ 冰箱可保存 7～10 天）。

4. 0.15mol/L 硫酸　取 1ml 硫酸，滴加入水中，再加水稀释至 120ml。

5. 偏磷酸－醋酸－硫酸液　以 0.15mol/L 硫酸液为稀释液，其余同 3 配制。

6. 50％醋酸钠溶液　取 50g 醋酸钠（$CH_3COONa \cdot 3H_2O$），加水溶解使成 100ml。

7. 硼酸－醋酸钠溶液　取 3g 硼酸，溶于 100ml 醋酸钠溶液中。临用前配制。

8. 邻苯二胺溶液　取 20mg 邻苯二胺，于临用前用蒸馏水稀释至 100ml。

9. 1g/L 抗坏血酸标准液（临用前配制）　取 50mg 抗坏血酸，精密称定，置 50ml 容量瓶中，用溶液“3”溶解并释至刻度。

10. 100mg/L 抗坏血酸标准溶液 精密量取 1g/L 抗坏血酸标准液 10ml，置 100ml 容量瓶中，用溶液“3”稀释刻度（定容前试 pH，若其 pH > 2.2 时，则用溶液“4”稀释）。

11. 0.04%百里酚蓝指示液 取 0.1g 百里酚蓝，加 0.02mol/L 氢氧化钠溶液，在玻璃研钵中研磨至溶解，氢氧化钠用量约为 11ml，磨溶后用水稀释至 250ml。（百里酚蓝指示剂得变色范围为 pH = 1.2 为红色；pH = 2.8 为黄色；pH > 4 为蓝色）。

12. 活性炭活化 加 200g 炭粉于 1L（1→10）盐酸中，加热回流 1 ~ 2h，滤过，用水洗至滤液中无铁离子为止，置于 110 ~ 120℃烘箱中干燥，备用。

四、实验步骤

1. 样品液的制备 称取鲜样 100g，加溶液“3”100ml，倒入捣碎机内打成匀浆，用百里酚蓝指示剂调试匀浆酸碱度。如呈红色，即可用试液“3”稀释，若呈黄色或蓝色，则用试剂“5”稀释，使其 pH = 1.2。（匀浆的取量需根据样品中抗坏血酸的含量而定。样品液含量在 40 ~ 100mg/L，一般取 20g 匀浆，用试液“3”稀释至 100ml，滤过，滤液备用）

2. 氧化处理 取上述滤液及标准溶液“10”各 100ml 于 250ml 具塞锥形瓶中，加 2g 活性炭，用力振摇 1min，滤过，弃去初 5ml 滤液，分别收集其余全部滤液，即样品氧化液和标准品氧化液，待测定。

3. 用量及空白液配制 取标准氧化液 10ml 两份分别于 100ml 容量瓶中，分别标明“标准”及“标准空白”。取样品氧化液 10ml 两份分别于 100ml 容量瓶中，分别标明“样品”及“样品空白”。于“标准空白”及“样品空白”溶液中各加硼酸 - 醋酸钠溶液 5ml，混合摇动 15min，用水稀释至 100ml，在 4℃冰箱中放置 2 ~ 3h，取出备用。于“样品”及“标准”溶液中各加入 50% 醋酸钠溶液 5ml，用水稀释至 100ml，备用。

4. 荧光反应及强度的测定 精密量取上述“标准”溶液（抗坏血酸含量 10mg/L）0.5ml、1ml、1.5ml、2.0ml，分别置于 10ml 具塞比色管中，在暗室迅速向各管中加入邻苯二胺溶液 5ml，定容至 10ml。振摇混合，在室温下反应 35min，于激发光波长 338nm、发射光波长 420nm 处测定荧光强度。取实验步骤“3”中“标准空白”溶液、“样品空白”溶液及“样品”溶液各 2ml，分别置于 10ml 带盖比色管中，按标准溶液同法处理后进行测定。

五、思考题

1. 抗坏血酸标准溶液为什么要临用前配制？

2. 本实验如何消除样品中其他荧光杂志产生的干扰？

3. 查阅文献看看还有什么方法能测定蔬菜、水果及其制品中总抗坏血酸含量，并对不同方法得优缺点进行比较。

实验九 大豆中钙、镁、铁含量测定（设计）

一、目的要求

1. 掌握滴定分析法和分光光度法的综合运用。

2. 了解大豆样品分解处理方法。

二、实验要求

1. 设计实验方案（提示：包括样品前处理、滴定分析法和分光光度法测定）。
2. 标准溶液的标定。
3. 完成实验内容。

三、实验内容

综合运用滴定分析法和分光光度法测定大豆中钙、镁、铁的含量。

四、结果报告

（1）设计表格，填写实验数据并处理。
（2）计算样品质量分数

附： 试样的前处理

在市场上购买的大豆用粉碎机粉碎后，称取 10～15g 盛于蒸发皿中，置于马弗炉中，先在 100～200℃碳化完全后（无烟产生），再升至 650℃灼烧 2h。取出冷却后，加 6mol/ml HCl 溶液 10ml，浸泡 20min，并不断搅拌，静止沉降，过滤，滤液置 250ml 容量瓶中，用蒸馏水洗沉淀、蒸发皿数次。定容、摇匀，待用。

参考值：每 100g 大豆中含有钙 367mg，镁 173mg，铁 11mg。

实验十　苯系物气相色谱法定性与归一化法定量（综合）

一、目的要求

1. 掌握气相色谱仪的使用。
2. 熟悉采用对照品对照法进行定性的原理与方法。
3. 熟悉校正因子的测定和归一化定量法。
4. 熟悉色谱系统适用性试验的方法。

二、实验提要

1. 定性　依据同一物质在同一色谱柱和相同操作条件下保留值相同的原理，利用对照品对照法定性是气相色谱法中一种常用的定性鉴别方法。通过分别测量对照品与样品在同一实验条件下的保留值，比较定性。该方法适用于鉴别范围已知的未知物。

2. 归一化法　气相色谱定量分析方法有：外标法、内标法、归一化法。当样品中各组分都能流出色谱柱且均能在检测器上有信号，并相互都能分开，则可以利用归一化法进行定量分析。样品中某一组分的含量即为：

$$m_i = \frac{A_i f_i}{\sum A_i f_i} \times 100\%$$

校正因子可通过测定已知准确浓度的对照品和内标物混合溶液得到：

$$校正因子(f) = \frac{f'_R}{f'_S} = \frac{A_S/c_S}{A_R/c_R}$$

3. 系统适应性 《中国药典》规定的色谱分析进行定性定量分析的检验项目，包括柱效、分离度等（计算公式见第四章实验二十四）。

三、仪器与试剂

1. 仪器 气相色谱仪（配TCD或FID）；微量注射器。

2. 色谱柱 15%邻苯二甲酸二壬酯（DNP）-6201（红色担体）固定相（60~80目），(1~2)m×4mm id。

3. 对照液 苯、甲苯对照溶液。

4. 样品溶液 苯、甲苯、乙苯、对二甲苯、间二甲苯与邻二甲苯混合液。

四、实验内容

按照仪器操作规程，开机，设置参数。

1. 色谱条件（参考） ①检测器TCD 柱箱：80℃；气化室：130℃；检测室：150℃；载气（N_2）30~60ml/min；桥电流：75~140mA；②检测器FID 柱箱：80℃；进样室：130℃；检测室：150℃；载气（N_2）30~60ml/min，燃气（氢气）：氢气50~60ml/min，助燃气（空气）350ml/min。

2. 对照液分析 用微量注射器量取对照液0.5μl进样分析，记录色谱图。记录苯、甲苯的保留时间，测量相应色谱峰的半峰宽或峰宽，峰面积。

3. 样品分析 在相同色谱条件下，用微量注射器量取样品液0.5μl进样分析，记录色谱图，用保留时间对照定性。测量相应的峰面积，计算各组分校正因子和含量。

五、数据记录及处理

1. 记录保留时间，根据保留时间定性。
2. 记录保留时间与峰的区域宽度，计算柱效、分离度。
3. 记录峰面积，计算苯的校正因子。
4. 记录各组分峰面积参数，计算各组分校正因子和含量。

六、注意事项

利用对照品对照法定性时，需保持实验条件的恒定。

七、思考题

1. 本实验各组分出峰顺序是什么？主要依据是什么？
2. 何为归一化法？应用条件是什么？本实验中，进样量是否需要准确？
3. 使用TCD，为何开机前应先通载气，再开桥流，关机时则顺序相反，最高允许桥流不得超过多少？
4. 本实验中所用固定液与担体的极性类型是什么？
5. 利用对照品对照法定性应注意什么？如何操作？

实验十一　气相色谱法分析麝香祛痛搽剂质量（综合）

一、目的要求

1. 掌握内标校正因子法测定含量的方法。
2. 掌握气相色谱仪的使用。
3. 熟悉气相色谱法在药物制剂含量测定中的应用。
4. 熟悉气相色谱仪的工作原理、构造及使用。

二、实验提要

麝香祛痛搽剂是一种外用液体制剂。《中国药典》规定其每1ml含樟脑（$C_{10}H_{16}O$）应为25.5～34.5mg；含薄荷脑（$C_{10}H_{20}O$）应为8.5～11.5mg；含冰片（$C_{18}H_{10}O$）应为17.0～23.0mg。

内标校正因子法为气相色谱分析法中常采用的定量方法之一。校正因子可由对照品溶液得到，在相同条件下分析，若已知取样量及样品中内标的准确量，即可由样品色谱图的待测组分和内标的峰面积计算待测组分含量。

计算公式参见第四章实验二十四。

三、仪器及试剂

1. 仪器　气相色谱仪（配置氢火焰离子化检测器FID），微量注射器，分析天平（0.01mg），容量瓶，移液管等。

2. 色谱柱　PEG－20M毛细管柱（30m×0.32mm id，膜厚0.33μm）。

3. 试剂　樟脑、薄荷脑与冰片对照品，水杨酸甲酯（内标物），醋酸乙酯，无水乙醇等。

4. 样品　麝香祛痛搽剂。

四、实验步骤

（一）溶液制备

1. 内标溶液　取水杨酸甲酯40mg，精密称定，置于10ml容量瓶中，加无水乙醇至刻度，摇匀。

2. 混合对照品溶液　取樟脑7mg，薄荷脑2mg，冰片5mg；分别精密定，内标物水杨酸甲酯溶液1ml，置于10ml容量瓶中，加无水乙醇至刻度，摇匀。

3. 供试品溶液　精密量取0.2ml样品和1ml内标溶液，置于10ml容量瓶中，加无水乙醇至刻度，摇匀。

（二）测定

1. 开机　按仪器操作规程操作，参见相应实验操作步骤。

2. 色谱条件（参考）　色谱柱：PEG－20M毛细管柱（30m×0.53mm id，膜厚0.33μm）；柱温：130℃；检测器：250℃；气化室：230℃。载气：氮气；流速：5～15ml/min，尾吹流量15～40ml/min，分流比：20:1。

3. 测定　取对照品溶液和供试品溶液各1μl，分别注入气相色谱仪，记录色谱图。

五、数据记录及处理

用内标校正因子法以色谱峰面积计算供试品中樟脑、薄荷脑、冰片（以龙脑、异龙脑峰面积之和计算）的含量。

六、思考题

1. 本实验中是否需要准确进样？为什么？
2. FID 是否对任何物质都有响应？属何种类型检测器？有何特点？
3. 在什么情况下可以采用内标校正因子法进行计算？

实验十二　程序升温法测定药物中溶剂残留量（综合）

一、目的要求

1. 掌握药物中有机溶剂残留量的测定方法。
2. 了解毛细管气相色谱法在较复杂样品分析中的应用。
3. 了解程序升温色谱法的操作特点。
4. 巩固内标一点法的定量分析方法。

二、基本原理

药物在合成过程中使用了甲醇、乙醇、丙酮、硝基甲烷等有机溶剂。采用毛细管色谱法技术并结合程序升温操作，利用 PEG－20M 交联石英毛细管柱，用内标一点法定量（正丙醇作内标），可直接对此四种残留溶剂进行测定。计算公式参见第四章实验二十四。

三、仪器与试剂

1. 仪器　气相色谱仪（FID 检测器），微量注射器，移液管，容量瓶。

2. 试剂　甲醇，无水乙醇，丙酮，硝基甲烷，正丙醇（试剂均为 AR 级）。

3. 样品　某原料药。

四、实验步骤

（一）溶液制备

1. 内标溶液　精密量取正丙醇 1ml，置 100ml 容量瓶中，加蒸馏水稀释至刻度，摇匀。精密量取此溶液 2ml，置 25ml 容量瓶中，加蒸馏水至刻度，摇匀，即得。

2. 标准储备液　精密量取甲醇、无水乙醇、丙酮、硝基甲烷各 1ml 同置于 100ml 容量瓶中，加蒸馏水至刻度，摇匀，即得。

3. 对照品溶液　精密量取标准储备液和内标溶液各 2ml 同置于 25ml 容量瓶中，加蒸馏水至刻度，摇匀。（此溶液中丙酮、甲醇、乙醇的浓度均为 0. 05mg/ml，硝基甲烷的浓度为 0. 07mg/ml）

4. 供试品溶液　取样品约 90mg，精密称定，置 25ml 容量瓶中，精密加入内标溶液 2ml，用蒸馏水稀释至刻度，摇匀（样品溶液为 3. 6mg/ml）。

（二）测定

按仪器操作规程操作，开机、设置实验条件。

1. 色谱条件（参考） 色谱柱：PEG－20M 石英毛细管柱（30m × 0.25mm i.d.，膜厚 0.25μm）；程序升温：50℃维持 2.5min，17℃/min 升温至 120℃，维持 2min；气化室：160℃；检测器：FID，温度 200℃；分流比：1∶50。

2. 进样分析 分别取对照品溶液与供试品溶液 1μl，依次注入色谱仪分析，记录色谱图。

五、数据记录及处理

根据对照品溶液及供试品溶液中各待测组分与内标峰面积之比，计算供试品中各残留溶剂的含量。

六、注意事项

1. 在一个温度程序执行完成后，需等待色谱仪温度回到初始状态并稳定后，才能进行下一次进样。
2. 仪器操作，微量注射器的使用以及溶液配制，毛细管柱的安装等注意事项参见前面各气相色谱实验。

七、思考题

1. 什么是程序升温？在什么情况下应用程序升温？
2. 本实验各组分的出峰顺序为何？依据是什么？

实验十三　HS－GC 法测定维生素 C 中甲醇和乙醇残留量（综合）

一、目的要求

1. 了解顶空气相色谱（HS－GC）法的原理和操作。
2. 了解药物中有机溶剂残留量的测定方法。

二、实验提要

维生素 C 在合成过程中，采用甲醇作溶媒，乙醇进行精制，成品中可能残留有部分甲醇、乙醇。根据维生素 C 易溶于水的性质，采用气体进样，对维生素 C 中有机溶剂残留量进行控制，避免了维生素 C 溶液直接进样，污染色谱柱和检测器，同时缩短检测分析时间，提高了工作效率。

三、仪器与试剂

1. 仪器 气相色谱仪（配 FID），100μl 微量注射器，恒温加热装置，顶空瓶，瓶塞，铝盖，手动压盖器，容量瓶，移液管。

2. 试剂 甲醇（AR），乙醇（AR），二次蒸馏水。

3. 样品 维生素 C 原料药。

四、实验步骤

1. 对照品溶液制备 精密量取乙醇 5ml 和甲醇 3ml，置于 500ml 容量瓶中，用水稀释至刻度，精密量取3ml置于100ml容量瓶中，用水稀释至刻度，摇匀，即制成每升溶液中含237mg乙醇，142mg甲醇。

2. 开机、平衡 按仪器操作规程操作，开机、平衡，设置实验条件参数。

（1）色谱条件（参考） 色谱柱：毛细管柱OV－1301（30m×0.53mm或0.32mm）；或填充柱：GDX－203（或上试402），长2m；柱温：50℃；载气：N_2；流速：2～15ml/min；FID：量程选最佳档。

（2）顶空条件 加热温度80℃，加热时间20min。

3. 对照品溶液测定 精密量取对照品溶液5ml，置于12ml顶空瓶中，立即密封，待顶空条件达到后，取气体50μl进行分析，记录色谱图。

4. 供试品溶液测定 取维生素C原料药0.5g，精密称定，置12ml顶空瓶中，加入水5.0ml，立即密封，同法进行测定，记录色谱图。

五、数据记录与处理

分别记录对照品与供试品色谱图上甲醇、乙醇的峰面积，采用外标一点法计算含量。

六、注意事项

1. 专用顶空瓶可采用青霉素小瓶替代，丁基橡胶瓶塞需用四氟乙烯薄膜包裹，以防组分被其吸附。
2. 恒温加热装置可采用集热式加热器，水浴或油浴（最好）恒温。
3. 使用微量注射器采集顶空气体前需预热（温度接近顶空平衡温度）；进样时，要卡住微量注射器的针芯以防进样口的压力导致针芯冲出。

七、思考题

1. 影响顶空－气相色谱法的主要因素有哪些？
2. 顶空－气相色谱法适用于什么样的样品分析？

实验十四 高效液相色谱法分析心可舒片质量（综合）

一、目的要求

1. 掌握色谱中系统适用性试验目的意义与内容。
2. 掌握高效液相色谱法定性鉴别的方法。
3. 掌握外标法的实验方法和结果计算。
4. 熟悉高效液相色谱仪的操作与使用。

二、实验提要

通过系统适用性试验，考察所配置的分析系统与设定的参数是否适用，以便给出分析方法在分析状态下应必须满足的条件。系统适用性试验包含的内容有理论塔板数n，分离度R，拖尾因子T与重复性（平行进样对照品溶液五次，其RSD应小于2.0%）（计算公式参见第四章实验二十五）。

本实验利用葛根素对照品与试样中待测成分保留值的一致性进行定性鉴别。采用外标法测定心可舒中葛根素含量（计算公式参见第四章实验二十六）。

药典规定心可舒片中每片含葛根以葛根素（$C_{21}H_{20}O_9$）计不得少于3.5mg。

每片中含葛根素为：

$$m_{片} = m_{样} \times \frac{m_1}{m_2} = c_{样} \times D \times \frac{m_1}{m_2}$$

式中，m_1 为平均片重；m_2 为称取试样重；D 为稀释倍数。

三、仪器与试剂

1. 仪器　高效液相色谱仪（配UV检测器），C_{18}色谱柱，容量瓶，微量注射器。

2. 试剂　葛根素对照品，甲醇（色谱纯），乙醇（AR），冰醋酸（AR），重蒸水。

3. 样品　心可舒片。

四、实验步骤

（一）溶液制备

1. 对照品溶液　取葛根素对照品适量，精密称定，加30%乙醇制成每1ml含25μg的溶液，即得。

2. 供试品溶液　取心可舒片10片，除去糖衣，精密称定（求平均片重 m_1 g）；置研钵中研细，取粉末约0.15g，精密称定（m_2 g），置具塞锥形瓶中，精密加入30%乙醇50ml，密塞，称定重量，超声处理（功率160W，频率50kHz）30min，放冷，再称定重量，用30%乙醇补足减失的重量，摇匀，滤过，取续滤，用0.45μm针式过滤器（有机相膜）过滤或高速（12000r/min）离心。

（二）测定

1. 开机、平衡　按照仪器操作规程操作，开机、平衡，设置实验条件。

2. 色谱条件与系统适用性（参考）以十八烷基硅烷键合硅胶为填充剂；以甲醇－水（25∶75）为流动相；流速1ml/min；检测波长为250nm。理论塔板数按葛根素峰计算应不低于2000。

3. 进样分析　取对照品溶液与供试品溶液，用微量注射器精密量取对照品溶液与供试品溶液各10μl，注入色谱仪，进行分析，记录色谱图。

五、数据记录与处理

1. 记录相应实验数据，计算系统适用性参数：①理论塔板数 n；②分离度 R；③拖尾因子 T。

2. 记录保留时间，进行定性鉴别。

实验数据：$t_{R对}$ =　　　　　　$t_{R样}$ =

结论：

3. 记录对照品和供试品色谱图上相应色谱峰面积，以外标一点法计算供试品溶液中葛根素浓度，计算片剂标示含量，并判断。

m_1 =　　　　　　m_2 =

$A_{对}$ =　　　　　　$A_{样}$ =　　　　　　$c_{对}$ =　　　　　　（mg/ml）

每片含葛根以葛根素（$C_{21}H_{20}O_9$）计为________ mg；

结论：

实验十五　水杨酸有关物质检查与含量测定（综合）

一、目的要求

1. 练习 HPLC 仪器的操作。
2. 了解 HPLC 分析方法的应用。
3. 巩固滴定法测定样品含量的方法。

二、实验提要

水杨酸化学名为 2－羟基苯甲酸，是消毒防腐药。水杨酸在生产过程中有多个杂质引入，现行版《中国药典》采用 HPLC 法测定，采用峰面积以外标法计算，规定 4－羟基苯甲酸、4－羟基间苯二甲酸、苯酚含量分别不得过 0.1%、0.05%、0.02%；其他单个杂质峰面积不得大于对照品溶液中 4－羟基间苯二甲酸峰面积（0.05%）；各杂质峰面积和不得大于对照品溶液中 4－羟基苯甲酸峰面积的 2 倍（0.2%）。

水杨酸为弱酸，$K_a = 1.0 \times 10^{-3}$，可以用碱标准溶液准确滴定，采用酚酞作指示剂。因在水中微溶，采用乙醇作溶剂。

三、仪器与试剂

1. 仪器　高效液相色谱仪（配 UV 检测器），C_{18} 色谱柱，容量瓶，微量注射器，滴定管，分析天平（0.1mg）。

2. 试剂　水杨酸对照品，4－羟基苯甲酸对照品，4－羟基间苯二甲酸对照品，苯酚对照品，甲醇（色谱纯），冰醋酸（AR），重蒸水，乙醇，酚酞指示剂，氢氧化钠（AR），氢氧化钠滴定液（0.1mol/L）（参见第三章实验七），酚酞指示液（参见第三章实验六），中性乙醇（对酚酞指示液显中性）。

3. 样品　水杨酸原料药。

四、实验步骤

（一）有关物质检查

1. 溶液制备

（1）对照品溶液　取 4－羟基苯甲酸、4－羟基间苯二甲酸和苯酚对照品适量，精密称定，加流动相溶解并稀释制成每 1ml 中依次含 5μg、2.5μg 和 1μg 的混合溶液，即得。

（2）供试品溶液　取样品 0.5g，精密称定，置 100ml 容量瓶中，加流动相溶解并稀释至刻度，即得。

2. 测定法

（1）开机、平衡　按照仪器操作规程操作，开机、平衡，设置实验条件。

（2）色谱条件与系统适用性（参考）以十八烷基硅烷键合硅胶为填充剂；以甲醇－水－冰醋酸（60:40:1）为流动相；流速 1ml/min；检测波长为 270nm；进样体积 20μl。

（3）进样分析　取对照品溶液 20μl，注入色谱仪，调节检测灵敏度，使苯酚色谱峰高约为满量程的 10%；再用微量注射器精密量取对照品溶液与供试品溶液各 20μl，分别注入色谱仪，记录色谱图至主成分峰保留时间的2倍。

将供试品溶液与对照品溶液保留时间一致的色谱峰，以峰面积外标一点法计算，应符合规定；其他杂峰也以峰面积计，应符合要求。

（二）含量测定

取样品约0.3g，精密称定，加中性乙醇（对酚酞指示液显中性）25ml，溶解后，加酚酞指示液3滴，用中性乙醇（对酚酞指示液显中性）25ml，溶解后，加酚酞指示液3滴，用氢氧化钠滴定液滴定。每1ml氢氧化钠滴定液（0.1mol/L）相当于13.81mg的$C_7H_6O_3$。

五、数据记录与处理

1. 记录各色谱图杂质的保留时间与峰面积，以外标法计算。
2. 记录滴定体积、样品重量，计算含量。

实验十六　高效液相色谱法测定维生素B_{12}含量（设计）

一、目的要求

1. 掌握HPLC分析系统适应性的考察方法及要求。
2. 掌握HPLC法测定样品含量的方法。
3. 熟悉HPLC分析条件的建立。
4. 巩固HPLC仪器的操作。

二、实验要求

1. 设计实验方案（提示：包括定量分析方法、样品处理和HPLC实验参数：色谱柱、流动相、流速、检测波长等）。
2. 制备对照品溶液、供试品溶液；配制流动相。
3. 试验选择实验条件，要求符合一般系统适应性要求。
4. 完成实验内容。

三、实验内容

HPLC法测定维生素B_{12}注射液中维生素B_{12}的含量。

四、结果报告

（1）设计并填写实验数据处理表格。

（2）计算样品质量分数及标示百分含量。

（3）计算系统适应性参数。

附维生素B_{12}注射液规格：每1ml含维生素B_{12}100μg。

提示：对照品浓度参考值：20mg/L。

实验十七　GC－MS法鉴别薄荷油挥发性成分

一、目的要求

1. 了解气－质联用的定性定量原理。
2. 了解气－质联用仪的基本结构及操作方法。
3. 了解质谱谱库计算机检索的使用方法。

二、基本原理

气相色谱－质谱（GC－MS）联用仪是将气相色谱和质谱仪通过接口连接成整体。气相色谱的强分离能力和质谱法的结构鉴定能力结合在一起，使GC－MS联用技术成为挥发性复杂混合物定性和定量分析的重要手段。

每种化合物的气态分子在电子流的轰击下失去一个电子，成为带正电荷的分子离子，并进一步裂解成一系列碎片离子（每种分子离子有一定的裂解规律），经质谱仪分离及扫描，便可获得相应的质谱图。并利用标准谱库进行检索和对照，实现对被测物进行定性鉴别。

气－质联用获得的总离子流图（TIC）与气相色谱的流出曲线相当。每个峰的面积或峰高，可作为定量依据。

三、仪器与试剂

1. 仪器　气－质联用仪，微量注射器，其他相应玻璃器皿。

2. 试剂　无水乙醇、正己烷（分析纯）。

3. 样品　薄荷油（市售品）。

四、实验步骤

1. 供试液制备　取市售薄荷5mm的短段100g，精密称定，加水600ml，照《中国药典》挥发油测定法，保持微沸约5h，得薄荷油。称取薄荷油约10mg，置1ml容量瓶，加无水乙醇－正己烷（体积比1∶1）混合溶液，溶解并定容。

2. 分析条件（参考）

（1）色谱条件　毛细管柱（30m×0.25mm id，膜厚0.25μm）（非极性或弱极性），柱温：50℃维持2min，5℃/min升温至180℃，维持5min；进样口温度：260℃；分流比：10∶1；载气：He；流速：1ml/min。

（2）质谱条件　离子源EI：70eV；离子源温度：200℃；接口温度：230℃；质量扫描范围：33～1000amu；扫描速度：1000amu/s。

3. 进样分析　取1μl试样溶液进样分析，使试样中各组分尽量完全分离，获取总离子色谱图（TIC）及提取离子曲线和质谱数据。

五、数据记录及处理

根据各峰质谱图，分别在质谱图谱库中自动检索，鉴定出各峰所代表的化合物结构。

六、注意事项

1. 对于一个未知物质质谱图，计算机进行谱库检索可提供20个存在于质谱库中与未知物谱图相匹配的参考物的质谱，其匹配度可能各不相同。定性鉴别还需根据样品来源，同位素丰度规律、离子碎裂规律等解谱知识进行判断，或用对照品在相同条件下作出质谱图进行对比。

2. 质谱要在高真空（10^{-8}大气压）下进行工作，故开机和关机，要严格执行开机程序和关机程序。

3. 如果突然停电，应将质谱仪的电源开关关闭。

七、思考题

1. 气-质联用进行定性分析的可信度如何？
2. GC-MS 定性及定量分析应记录那些色谱及质谱条件？
3. GC-MS 有什么优点和局限性？

实验十八　HPLC-MS 法鉴定复方中药中活性组分

一、目的要求

1. 了解高效液相色谱-质谱联用仪的基本工作原理。
2. 了解高效液相色谱-质谱联用法选择离子监测分析方法。
3. 了解高效液相色谱-质谱联用法在现代中药分析中的应用。

二、基本原理

高效液相色谱-质谱联用技术（HPLC-MS）是以 HPLC 为分离手段，MS 为检测器的一门综合性分析技术。HPLC-MS 主要由液相色谱系统、连接接口、质量分析器和计算机数据处理系统组成。其主要过程为试样通过液相色谱系统进样，在色谱中进行分离，然后进入接口。在接口中组分由液相离子或分子转变为气相离子，然后气相离子被聚焦于质量分析器中，根据质荷比进行分离，最后离子信号转变为电信号，由电子倍增器进行检测，其检测信号被放大并传输到数据处理系统。

LC-MS 的关键技术是接口技术，目前比较成熟的接口技术是大气压离子化（API）接口，其在大气压下将液相离子或分子转变为气相离子。目前最常用的是电喷雾离子化（ESI）和大气压化学离子化（APCI）方式。

双黄连口服液是由金银花、黄芩和连翘三味中药提取精制而成，具有疏风解表、清热解毒之功效。其中绿原酸、咖啡酸、黄芩苷和木犀草素等化合物（图5-2）是其主要活性成分。本实验采用 HPLC-MS 检测复方中药双黄连口服液中的绿原酸、咖啡酸、黄芩苷和木犀草素 4 种活性成分。

三、仪器与试剂

1. 仪器　高效液相色谱-质谱联用仪（四级杆检测器），电子分析天平（0.01mg），其他实验室常用分析器皿。

2. 试剂　对照品（绿原酸、咖啡酸、黄芩苷和木犀草素），甲醇（色谱纯），甲酸及其他试剂均为分析纯，超纯水。

3. 样品 双黄连口服液（市售）。

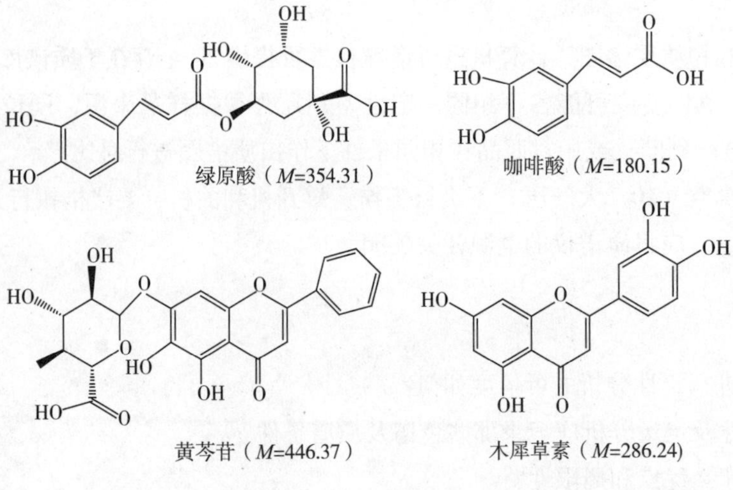

绿原酸（M=354.31）　咖啡酸（M=180.15）

黄芩苷（M=446.37）　木犀草素（M=286.24）

图5-2　化合物结构图

四、实验步骤

（一）溶液制备

1. 对照品溶液 取适量绿原酸、咖啡酸、黄芩苷和木犀草素对照品，精密称定，用甲醇溶解定容，分别配制成浓度为10.0μg/ml的对照品溶液。取4种对照品溶液适量制成混合对照品液。

2. 供试品溶液 精密量取双黄连口服液100μl，置10ml容量瓶中，用甲醇稀释并定容，摇匀，过0.45μm微孔滤膜，滤液供HPLC-MS分析。

（二）测定

1. 开机 按仪器操作规程，开机，平衡，设置实验条件。

仪器操作条件（参考值）

（1）色谱条件　色谱柱：C_{18}反相键合相色谱柱（150mm×2.1mm id，5μm）；流动相：含0.3%甲酸制醋酸铵溶液（0.4mmol/L）（A）-甲醇（B）；梯度洗脱：0~6min，35%B，7~15min，65%B，16~20min，35%B；流速：0.25ml/min；柱温：30℃；进样体积：10μl。

（2）质谱条件　ESI离子源，温度110℃；毛细管电压：4.0kV，锥孔电压：2.5kV；雾化气（N_2）和脱溶剂气（鞘气，N_2）流速分别为50L/h和300L/h，鞘气温度：300℃。

ESI正离子检测模式，检测离子：m/z 377.4；m/z 181.0；m/z 447.1；m/z 287.1。

2. 测定法

（1）对照品溶液　分别取绿原酸、咖啡酸、黄芩苷和木犀草素对照品溶液进样分析，记录质谱、色谱图。

（2）对照品混合液　取绿原酸 咖啡酸 黄芩苷和木犀草素对照品混合液进样分析，记录质谱、色谱图。

（3）供试品溶液　取供试品溶液进样分析，记录质谱、色谱图。

根据供试品与对照品的峰面积比，采用外标一点法进行定量分析。

五、数据记录及处理

1. 定性分析　根据供试品质谱图的质荷比，对色谱图的色谱峰进行归属，进行定性鉴别。

2. 用外标一点法计算绿原酸、咖啡酸、黄芩苷和木犀草素的含量。

六、注意事项

1. 流动相中含非挥发性盐类（如磷酸盐缓冲液或离子对试剂），不利于组分液相离子或分子在离子源中转化为气相离子，并堵塞毛细管，因此 LC－MS 的流动相不能包含非挥发性盐。

2. LC－MS 正离子检测模式中除了出现组分的 $[M+H]^+$ 离子峰外，还会经常出现 $[M+Na]^+$、$[M+K]^+$ 离子峰，质谱信号种类和强度受实验条件影响较大。

七、思考题

1. HPLC－MS 与 HPLC 相比，在药物分析应用中的优越性主要体现在哪几个方面？
2. 影响 HPLC－MS 质谱信号强度的主要因素有哪些？
3. 本实验分析对象未达基线分离是否可以进行分析？
4. 本实验分析对象是否可以用负离子检测模式？如能，以何种离子峰出现，m/z 为多少？

附　录

附录Ⅰ　分析化学实验常用表

附录ⅠA　国际相对原子质量（$^{12}C=12$）

元素			原子序	相对原子质量	元素			原子序	相对原子质量
符号	名称	英文名			符号	名称	英文名		
H	氢	Hydrogen	1	1.00794（7）	Tc	锝	Technetium	43	[98]
He	氦	Helium	2	4.002602（2）	Ru	钌	Ruthenium	44	101.07（2）
Li	锂	Lithium	3	6.941（2）	Rh	铑	Rhodium	45	102.90550（2）
Be	铍	Beryllium	4	9.012182（3）	Pd	钯	Palladium	46	106.42（1）
B	硼	Boron	5	10.811（7）	Ag	银	Silver	47	107.8682（2）
C	碳	Carbon	6	12.0107（8）	Cd	镉	Cadmium	48	112.411（8）
N	氮	Nitrogen	7	14.0067（2）	In	铟	Indium	49	114.818（3）
O	氧	Oxygen	8	15.9994（3）	Sn	锡	Tin	50	118.710（7）
F	氟	Fluorine	9	18.9984032（5）	Sb	锑	Antimony	51	121.760（1）
Ne	氖	Neon	10	20.1797（6）	Te	碲	Tellurium	52	127.60（3）
Na	钠	Sodium	11	22.98976928（2）	I	碘	Iodine	53	126.90447（3）
Mg	镁	Magnesium	12	24.3050（6）	Xe	氙	Xenon	54	131.293（6）
Al	铝	Aluminum	13	26.9815386（8）	Cs	铯	Caesium	55	132.9054519（2）
Si	硅	Silicon	14	28.0855（3）	Ba	钡	Barium	56	137.327（7）
P	磷	Phosphorus	15	30.973762（2）	La	镧	Lanthanum	57	138.90547（7）
S	硫	Sulphur	16	32.065（5）	Ce	铈	Cerium	58	140.116（1）
Cl	氯	Chlorine	17	35.453（2）	Pr	镨	Praseodymium	59	140.90765（2）
Ar	氩	Argon	18	39.948（1）	Nd	钕	Neodymium	60	144.242（3）
K	钾	Potassium	19	39.0983（1）	Pm	钷	Promethium	61	[145]
Ca	钙	Calcium	20	40.078（4）	Sm	钐	Samarium	62	150.36（2）
Sc	钪	Scandium	21	44.955912（6）	Eu	铕	Europium	63	151.964（1）
Ti	钛	Titanium	22	47.867（1）	Gd	钆	Gadolinium	64	157.25（3）
V	钒	Vanadium	23	50.9415（1）	Tb	铽	Terbium	65	158.92535（2）
Cr	铬	Chromium	24	51.9961（6）	Dy	镝	Dysprosium	66	162.500（1）
Mn	锰	Manganese	25	54.938045（5）	Ho	钬	Holmium	67	164.93032（2）
Fe	铁	Iron	26	55.845（2）	Er	铒	Erbium	68	167.259（3）

续表

元　素			原子序	相对原子质量	元素			原子序	相对原子质量
符号	名称	英文名			符号	名称	英文名		
Co	钴	Cobalt	27	58.933195（5）	Tm	铥	Thulium	69	168.93421（2）
Ni	镍	Nickel	28	58.6934（2）	Yb	镱	Ytterbium	70	173.04（3）
Cu	铜	Copper	29	63.546（3）	Lu	镥	Lutetium	71	174.967（1）
Zn	锌	Zinc	30	65.409（4）	Hf	铪	Hafnium	72	178.49（2）
Ga	镓	Gallium	31	69.723（1）	Ta	钽	Tantalum	73	180.94788（2）
Ge	锗	Germanium	32	72.64（1）	W	钨	Tungsten	74	183.84（1）
As	砷	Arsenic	33	74.92160（2）	Re	铼	Rhenium	75	186.207（1）
Se	硒	Selenium	34	78.96（3）	Os	锇	Osmium	76	190.23（3）
Br	溴	Bromine	35	79.904（1）	Ir	铱	Iridium	77	192.217（3）
Kr	氪	Krypton	36	83.798（2）	Pt	铂	Platinum	78	195.084（9）
Rb	铷	Rubidium	37	85.4678（3）	Au	金	Gold	79	196.966569（4）
Sr	锶	Strontium	38	87.62（1）	Hg	汞	Mercury	80	200.59（2）
Y	钇	Yttrium	39	88.90585（2）	Tl	铊	Thallium	81	204.3833（2）
Zr	锆	Zirconium	40	91.224（2）	Pb	铅	Lead	82	207.2（1）
Nb	铌	Niobium	41	92.90638（2）	Bi	铋	Bismuth	83	208.98040（1）
Mo	钼	Molybdenium	42	95.94（2）	Po	钋	Polonium	84	[209]
At	砹	Astatine	85	[210]	No	锘	Nobelium	102	[259]
Rn	氡	Radon	86	[222]	Lr	铹	Lawrencium	103	[262]
Fr	钫	Fracium	87	[223]	Rf		Rutherfordium	104	[267]
Ra	镭	Radium	88	[226]	Db		Dubnium	105	[268]
Ac	锕	Actinium	89	[227]	Sg		Seaborgium	106	[271]
Th	钍	Thorium	90	232.03806（2）	Bh		Bohrium	107	[272]
Pa	镤	Protactinium	91	231.03588（2）	Hs		Hassium	108	[270]
U	铀	Uranium	92	238.02891（3）	Mt		Meitnerium	109	[276]
Np	镎	Neptunium	93	[237]	Ds		Darmstadtium	110	[281]
Pu	钚	Plutonium	94	[244]	Rg		Roentgenium	111	[280]
Am	镅	Americium	95	[243]	Uub		Ununbium	112	[285]
Cm	锔	Curium	96	[247]	Uut		Ununtrium	113	[284]
Bk	锫	Berkelium	97	[247]	Uuq		Ununquadium	114	[289]
Cf	锎	Californium	98	[251]	Uup		Ununpentium	115	[288]
ES	锿	Einsteinium	99	[252]	Uuh		Ununhexium	116	[293]
Fm	镄	Fermium	100	[257]	Uuo		Ununoctium	118	[294]
Md	钔	Mendelevium	101	[258]					

注：录自 2005 年国际原子量表（IUPAC Commission of Atomic Weights and Isotopic Abundances. Atomic Weights of the Elements 2005. Pure Appl. Chem.，2006，78：2051－2066）。（ ）表示最后一位的不确定性，[　] 中的数值为没有稳定同位素元素的半衰期最长同位素的质量数。

附录 I B 常用化合物的相对分子质量

化学式	相对分子质量	化学式	相对分子质量
$AgBr$	187.77	KOH	56.106
$AgCl$	143.32	K_2PtCl_6	486.00
AgI	234.77	$KSCN$	97.182
$AgNO_3$	169.87	$MgCO_3$	84.314
Al_2O_3	101.96	$MgCl_2$	95.211
As_2O_3	197.84	$MgSO_4 \cdot 7H_2O$	246.48
$BaCl_2 \cdot 2H_2O$	244.26	$MgNH_4PO_4 \cdot 6H_2O$	245.41
BaO	153.33	MgO	40.304
$Ba(OH)_2 \cdot 8H_2O$	315.47	$Mg(OH)_2$	58.320
$BaSO_4$	233.39	$Mg_2P_2O_7$	222.55
$CaCO_3$	100.09	$Na_2B_4O_7 \cdot 10H_2O$	381.37
CaO	56.077	$NaBr$	102.89
$Ca(OH)_2$	74.093	$NaCl$	58.489
CO_2	44.010	Na_2CO_3	105.99
CuO	79.545	$NaHCO_3$	84.007
Cu_2O	143.09	$Na_2HPO_4 \cdot 12H_2O$	358.14
$CuSO_4 \cdot 5H_2O$	249.69	$NaNO_2$	69.000
FeO	71.844	Na_2O	61.979
Fe_2O_3	159.69	$NaOH$	39.997
$FeSO_4 \cdot 7H_2O$	278.02	$Na_2S_2O_3$	158.11
$FeSO_4 \cdot (NH_4)_2SO_4 \cdot 6H_2O$	392.14	$Na_2S_2O_3 \cdot 5H_2O$	248.19
H_3BO_3	61.833	NH_3	17.031
HCl	36.461	NH_4Cl	53.491
$HClO_4$	100.46	NH_4OH	35.046
HNO_3	63.013	$(NH_4)_3PO_4 \cdot 12MoO_3$	1876.4
H_2O	18.015	$(NH_4)_2SO_4$	132.14
H_2O_2	34.015	$PbCrO_4$	323.19
H_3PO_4	97.995	PbO_2	239.20
H_2SO_4	98.080	$PbSO_4$	303.26
I_2	253.81	P_2O_5	141.94
$KAl(SO_4)_2 \cdot 12H_2O$	474.39	SiO_2	60.085
KBr	119.00	SO_2	64.065
$KBrO_3$	167.00	SO_3	80.064
KCl	74.551	ZnO	81.408
$KClO_4$	138.55	CH_3COOH	60.052

续表

化学式	相对分子质量	化学式	相对分子质量
K_2CO_3	138.21	$H_2C_2O_4 \cdot 2H_2O$	126.07
K_2CrO_4	194.19	$KHC_4H_4O_6$（酒石酸氢钾）	188.18
K_2CrO_7	294.19	$KHC_8H_4O_4$（邻苯二甲酸氢钾）	204.22
KH_2PO_4	136.09	K（SbO）$C_4H_4O_6 \cdot 1/2H_2O$（酒石酸锑钾）	333.93
$KHSO_4$	136.17		
KI	166.00	$Na_2C_2O_4$（草酸钠）	134.00
KIO_3	214.00	$NaC_7H_5O_2$（苯甲酸钠）	144.11
$KIO_3 \cdot HIO_3$	389.91	$Na_3C_6H_5O_7 \cdot 2H_2O$（枸橼酸钠）	294.12
$KMnO_4$	158.03	$Na_2H_2C_{10}H_{12}O_8N_2 \cdot 2H_2O$（EDTA 二钠二水合物）	372.24
KNO_2	85.100		

注：根据2005年公布的相对原子质量计算。

附录ⅠC　不同温度时纯水的密度

温度（℃）	d_t'(g/ml)	温度（℃）	d_t'(g/ml)	温度（℃）	d_t'(g/ml)	温度（℃）	d_t'(g/ml)
5	0.99853	12	0.99824	19	0.99733	25	0.99612
6	0.99853	13	0.99815	20	0.99715	26	0.99588
7	0.99852	14	0.99804	21	0.99695	27	0.99566
8	0.99849	15	0.99792	22	0.99676	28	0.99539
9	0.99845	16	0.99778	23	0.99655	29	0.99512
10	0.99839	17	0.99764	24	0.99634	30	0.99485
11	0.99833	18	0.99749				

注：d_t'指温度为t℃的1ml纯水在空气中用黄铜砝码称得的质量。

附录ⅠD　常用酸碱密度与浓度

试剂名称	相对密度	浓度（%）	浓度（mol/L）
氨水	0.88～0.90	25.0～28.0	12.9～14.8
乙酸	1.04	36.0～37.0	6.2～6.4
冰乙酸	1.05	99.8（GR），999.5（AR），999.0（CP）	17.4
氢氟酸	1.13	40.0	22.5
盐酸	1.18～1.19	36～38	11.6～12.4
硝酸	1.39～1.40	65～68	14.4～15.2
高氯酸	1.68	70.0～72.0	11.7～12.0
磷酸	1.69	85.0	14.6
硫酸	1.83～1.84	95～98	17.8～18.4

附录ⅠE　常用基准物及其干燥条件

基准物质		干燥条件	标定对象
名称	化学式		
硝酸银	$AgNO_3$	280～290℃干燥至恒重	卤化物、硫氰酸盐
三氧化二砷	As_2O_3	室温干燥器中保存	I_2
碳酸钙	$CaCO_3$	110～120℃保持2h，干燥器中冷却	EDTA
草酸	$H_2C_2O_4 \cdot 2H_2O$	室温空气干燥	$KMnO_4$
邻苯二甲酸氢钾	$KHC_8H_4O_4$	110～120℃干燥至恒重，干燥器中冷却	NaOH、$HClO_4$
碘酸钾	KIO_3	120～140℃保持2h，干燥器中冷却	$Na_2S_2O_3$
重铬酸钾	$K_2Cr_2O_7$	140～150℃保持3～4h，干燥器中冷却	$FeSO_4$、$Na_2S_2O_3$
氯化钠	NaCl	500～600℃保持50min，干燥器中冷却	$AgNO_3$
硼砂	$Na_2B_4O_7 \cdot 10H_2O$	含NaCl－蔗糖饱和溶液的干燥器中保存	HCl、H_2SO_4
碳酸钠	Na_2CO_3	270～300℃保持50min，干燥器中冷却	HCl、H_2SO_4
草酸钠	$Na_2C_2O_4$	130℃保持2h，干燥器中冷却	$KMnO_4$
锌	Zn	室温干燥器中保存	EDTA
氧化锌	ZnO	900～1000℃保持50min，干燥器中冷却	EDTA

附录ⅠF　常用酸碱指示剂

指示剂	变色范围pH	颜色		pK_{HIn}	指示剂组成		用量
		酸色	碱色		浓度/%	溶剂	（滴/10ml）
百里酚蓝	1.2～2.8	红	黄	1.65	0.1	20%乙醇溶液	1～2
甲基黄	2.9～4.0	橙	黄	3.25	0.1	90%乙醇溶液	1
甲基橙	3.1～4.4	红	黄	3.45	0.05	水溶液	1
溴酚蓝	3.0～4.6	黄	紫	4.10	0.1	20%乙醇或其钠盐水溶液	1
溴甲酚绿	3.8～5.4	黄	蓝	4.90	0.1	20%乙醇溶液	1
甲基红	4.4～6.2	红	黄	5.10	0.1	60%乙醇或其钠盐水溶液	1
溴百里酚蓝	6.2～7.6	黄	蓝	7.30	0.1	20%乙醇或其钠盐水溶液	1
中性红	6.8～8.0	红	黄橙	7.40	0.1	60%乙醇溶液	1
酚红	6.7～8.4	黄	红	8.00	0.1	60%乙醇或其钠盐水溶液	1
百里酚蓝	8.0～9.6	黄	蓝	8.90	0.1	20%乙醇溶液	1～4
酚酞	8.0～10.0	无	红	9.10	0.5	90%乙醇溶液	1～3
百里酚酞	9.4～10.6	无	蓝	10.00	0.1	90%乙醇溶液	1～2

附录 I G　常用混合酸碱指示剂

指示剂组成	比例	变色时 pH	颜色		变色范围 pH
			酸色	碱色	
0.1% 甲基黄乙醇溶液 -0.1% 次甲基蓝乙醇溶液	1:1	3.25	蓝紫	绿	3.2~3.4
0.1% 溴甲酚绿钠盐水溶液 -0.2% 甲基橙水溶液	1:1	4.3	橙	蓝绿	3.5~4.3
0.2% 甲基红乙醇溶液 -0.1% 亚甲基蓝乙醇溶液	1:1	5.4	红紫	绿	5.2~5.6
0.1% 溴甲酚紫钠盐水溶液 -0.1% 溴百里酚蓝钠盐水溶液	1:1	6.7	黄	紫蓝	6.2~6.8
0.1% 中性红乙醇溶液 -0.1% 次甲基蓝乙醇溶液	1:1	7.0	蓝紫	绿	6.9~7.1
0.1% 中性红乙醇溶液 -0.1% 溴百里酚蓝乙醇溶液	1:1	7.2	玫瑰	绿	7.0~7.4
0.1% 溴百里酚蓝钠盐水溶液 -0.1% 酚红钠盐水溶液	1:1	7.5	黄	紫	7.2~7.6
0.1% 甲酚红钠盐水溶液 -0.1% 百里酚蓝钠盐水溶液	1:3	8.3	黄	紫	8.2~8.4
0.1% 酚酞乙醇溶液 -0.1% 甲基绿乙醇溶液	1:1	8.9	绿	紫	8.8~9.0
0.1% 百里酚蓝 50% 乙醇溶液 -0.1% 酚酞 50% 乙醇溶液	1:3	9.0	黄	紫	8.9~9.1
0.1% 酚酞乙醇溶液 -0.1% 百里酚酞乙醇溶液	1:1	9.9	无	紫	9.6~10.0

附录 I H　常用标准缓冲溶液 pH

温度（℃）	邻苯二甲酸盐	磷酸盐	硼酸盐
5	4.01	6.95	9.39
10	4.00	6.92	9.33
15	4.00	6.90	9.27
20	4.01	6.88	9.22
25	4.01	6.86	9.18
30	4.02	6.85	9.14
35	4.03	6.84	9.10
40	4.04	6.84	9.07
45	4.05	6.83	9.04
50	4.06	6.83	9.01
55	4.08	6.84	8.99
60	4.10	6.84	8.96

附录 I J　常用有机溶剂物理特性与毒性

名称	沸点（℃）	溶解性	毒性
石油醚		不溶于水，与酮、醚、酯、苯、三氯甲烷混溶	与低级烷相似
乙醚	34.6	微溶于水，易溶与盐酸．与醇、醚、苯等	麻醉性
丙酮	56.12	与水、醇、醚、烃混溶	低毒，但刺激性较大
三氯甲烷	61.15	与乙醇、乙醚、石油醚、四氯化碳等混溶	中等毒性，强麻醉性
甲醇	64.5	与水、乙醚、醇、酯、卤代烃、苯、酮混溶	中等毒性，麻醉性

续表

名称	沸点（℃）	溶解性	毒性
四氯化碳	76.75	与醇、醚、石油醚、冰醋酸、氯代烃混溶	氯代甲烷中毒性最强
乙酸乙酯	77.112	与醇、醚、三氯甲烷、丙酮、苯等溶解	低毒，麻醉性
乙醇	78.3	与水、乙醚、三氯甲烷、酯、烃类衍生物等混溶	微毒类，麻醉性
苯	80.1	与醇、三氯甲烷、乙醚、甲苯、冰醋酸等混溶	强烈毒性
环己烷	80.72	与乙醇、高级醇、醚、丙酮、烃、胺类混溶	低毒，中枢抑制作用
戊烷	36.1	与乙醇、乙醚等多数有机溶剂混溶	低毒性
乙睛	81.6	与水、甲醇、酯、丙酮、醚、三氯甲烷混溶	中等毒性
异丙醇	82.4	与乙醇、乙醚、三氯甲烷、水混溶	微毒，类似乙醇
三乙胺	89.6	与水混溶~微溶。溶于三氯甲烷、丙酮，醇、醚	易爆，皮肤黏膜刺激性强
甲苯	110.63	与醇、三氯甲烷、丙酮、醚、冰醋酸、苯等混溶	低毒类，麻醉作用
乙二胺	117.26	溶于水、乙醇、苯和乙醚，微溶于庚烷	刺激皮肤、眼睛
乙酸	118.1	与水、乙醇、乙醚、四氯化碳混溶	低毒，浓溶液毒性强
甘油	290	与水、乙醇混溶，不溶于乙醚、三氯甲烷、苯	食用对人体无毒
二硫化碳	46.23	微溶与水，与多种有机溶剂混溶	麻醉性，强刺激性
四氢呋喃	66	与水混溶，溶解乙醇、乙醚、脂肪烃、芳香烃	吸入微毒，经口低毒
三氟乙酸	71.78	与水乙醇、乙醚、丙酮苯、四氯化碳、己烷混溶，溶解多种脂肪族、芳香族	
二氯乙烷	57.28	与醇、醚等大多数有机溶剂混溶	低毒、局部刺激性
二氯甲烷	39.75	与醇、醚、三氯甲烷、苯、二硫化碳等混溶	低毒，麻醉性强
硝基甲烷	101.2	与醇、醚、四氯化碳、DMF 等混溶	麻醉性，刺激性
吡啶	115.3	与水、醇、醚、石油醚、苯、油类混溶	低毒，皮肤黏膜刺激性
苯酚	181.2	溶乙醇、醚、酸、甘油、三氯甲烷、二硫化碳和苯	高毒类，对皮肤、黏膜有毒

附录Ⅱ　常见分析仪器操作规程

附录ⅡA　紫外-可见分光光度计操作规程

一、天美 1102 紫外-可见分光光度计

（一）开机

打开主机电源→计算机电源，仪器开始逐项自检。（如各项检查均正常，则每项显示 OK 后，仪器自检完成，屏幕自动显示菜单“Main Menu”窗口。如存在故障，该检查项显示不通过，并显示相应的故障说明，此时应排除故障后，方能进行测定。）

（二）测量

1. 光谱扫描

（1）模式选择　选择主菜单“Main Menu”下子菜单“Wavelength Scan”项。

（2）参数设置　在“Wavelength Scan”项下，设置扫描波长范围、测定模式、纵坐标范围和扫描

速度，点击“0（End Setting）”完成参数设定。进入基线扫描界面，出现“Wavelength Scan/Baseline Correction”字样。

（3）基线扫描　将参比池装空白溶液放于样品室比色皿架内，置于光路中，按“start”键，开始基线扫描，出现“Please wait”字样，直到“Please wait”字样消失，表示基线扫描完毕。

（4）光谱扫描　将样品池装对照品溶液放于样品室比色皿架内，置于光路中，按“start”键，开始对照品溶液进行光谱扫描，出现“Executing”字样，直到“Executing”字样消失，表示对照品光谱扫描完毕，并显示出对照品溶液光谱图。

（5）峰检测　在光谱图下方选择“process”项，然后在“process”界面选择“peak”项，显示光谱图中峰的波长和吸光度，记录波谱峰的波长，或按“Print”打印波峰值。按“Return”键返回主菜单。

2. 定量测定

（1）模式选择　选择主菜单“Main Menu”下子菜单“Photometry”项，在“Photometry”界面选择“T%/ABS”项。

（2）参数设置　在“T%/ABS”项下，设置波长个数、波长、测量方式（T%或ABS），点击“0（End Setting）”完成参数设定，进入定量测定界面，显示“Auto Zero”字样。

（3）空白校正　将参比池装空白溶液放于样品室比色皿架内，置于光路中，按“start”键，“Auto Zero”字样消失后，空白校正完毕

（4）样品测定　将样品池装样品溶液放于样品室比色皿架内，置于光路中，按“start”键，开始样品的定量测定，出现样品的吸光度，记录样品的吸光度。

（三）关机

（1）断电　按“Return”键返回到主菜单“Main Menu”界面，关闭电源。

（2）复原　清洗比色皿，仪器归位，登记仪器使用情况。

二、天普达紫外-可见分光光度计

（一）开机

打开主机电源→计算机电源，仪器开始逐项自检。

（二）测量

1. 光谱扫描　在系统主菜单中选择“光谱扫描”项进行吸收曲线的测绘。

（1）基线建立　取空白溶液分别盛装于比色皿，分别置于样品室比色架上。按照仪器使用方法进行操作，完成一系列设定［扫描设置（起点、终点、间隔、速度）、测定模式（吸光度模式）、Y轴坐标］后，点击100T/0Abs，建立一条系统基线。

（2）测定吸收曲线　将标准液放置于样品池位置，点击START/STOP，进行测量。

（3）最大吸收波长　测得吸收曲线后，点击检索，用方向键（上下移动键）查看波峰的波长，记录最大吸收波长λ_{max}。

2. 工作曲线测绘　在系统主菜单中选择“定量测量”项进行工作曲线的测绘。

（1）基线建立　取空白溶液分别盛装于比色皿后，分别放置在仪器比色架参比池及样品池位置上。按照仪器使用方法进行操作，完成一系列设定（最大吸收波长、浓度单位、各标样浓度）后，点击100T/0Abs，机器自动调整到曲线测定波长λ_{max}，并调零。

（2）工作曲线测绘　将样品按顺序依次放入光路中，点击START/STOP，测得吸光度。测量完成

后，点击 ESC 返回标准曲线设定界面。在最下方可见到系统给出的曲线方程及方程相关系数。点击曲线查看标准曲线。

3. 供试液测定 点击 ESC 返回定量测量界面，开始测量未知样品浓度。机器根据测得的吸光度，运用公式，自动计算出浓度。

（三）关机

关闭电源，仪器复原，清洗比色皿，登记仪器使用情况。

三、Shimadzu UV1750 紫外－可见分光光度计

（一）开机

打开 power→仪器自检→预热 20min。

（二）测量

1. 光谱扫描

（1）模式选择 在主菜单中选择模式，点击“2”进入光谱扫描模式。

（2）参数设置 在光谱测量模式下，设置扫描参数：①测量方式：*ABS*；②间隔：0.5nm；③波长范围：750～200nm；④记录范围：0.0～1.0*ABS*；⑤扫描速度：中；⑥扫描次数：1；⑦显示模式：覆盖；⑧光源：自动）。

（3）基线扫描 两个比色皿均装上空白溶液，分别放于参比池架和样品池架上，按“F1”开始基线扫描。

（4）光谱扫描 基线扫描结束，更换一比色皿的空白溶液为某一浓度对照品溶液后置于样品池架。按“Start”开始光谱扫描，扫描结束显示光谱图，保存光谱。

（5）峰检测 按“F2”进入数据处理，点击“3”进入峰检测，记录峰波长，按“Mode”，返回主菜单。

2. 定量测定

（1）模式选择 在主菜单中选择模式，点击“3”进入定量测量模式。

（2）参数设置 绘制标准曲线在定量测量模式下，点击“1”（测量方法）→点击“1”（波长定量法）→输入测量波长（如 350nm），$K=1.000$→点击“2”（定量方法）→点击“3”（多点校正曲线）→设置参数［对照品数：如 6；次数：1（指回归方程的次方）；零截距：没有］→测定次数（如 3 次）→依次输入空白溶液和 1～5 号标准溶液浓度。

（3）比色皿校正 依次在参比池架上放空白溶液，样品池架上放空白溶液。按“Start”（3 次），得空白溶液吸光度，即校正值 A_0。

（4）对照品溶液测定 换 1 号对照品溶液置于样品池架→按“Start”（3 次），得 1 号对照品溶液吸光度 A_1→然后依次换 2～5 对照品溶液测定吸光度→记录读数→按“F1”显示校正曲线→按“F2”显示方程式。按“Return”返回至定量界面。

（5）样品测定 参比池架上放空白溶液，样品池架上放样品溶液→按“F3”进入测量屏幕→按“Start”（3 次）→记录 *A* 值，求平均值。

（三）关机

1. 断电 按“Return”返回主菜单→按“Power”关闭电源。

2. 复原　清洗比色皿，仪器归位，登记仪器使用情况。

注：标准曲线绘制与样品测定也可采用光度测量模式：

点击“1”选择光度测量→按“F1”选“*ABS*”→按 GO TO WL →输入测量波长（如350nm）→参比池架上放空白溶液，样品池架上放样品溶液（分别是空白溶液、1～5号标准溶液和样品溶液）→按“F3”进入测量屏幕→按“Start”（3次），记录读数，依次测得空白溶液、1～5号标准溶液和样品溶液的吸光度，然后采用Excel等软件处理数据，得回归方程和标准曲线，计算样品浓度。

四、Shimadzu UV－2401紫外－可见分光光度计

（一）开机

1. 通电　打开主机电源，计算机电源。

2. 自检　进入Windows界面，双击“Shimadzu”，再双击“UV－2401”，即进入UV－2401操作屏幕，仪器开始逐项自检。（全部通过后，屏幕显示应用窗口。自检通过后有蜂鸣声提示。自检全部完成后，方可继续操作。在自检时，如各项检查均正常，界面在各项检查项后均显示为绿色图标；如存在故障，则该检查项后显示红色图标，此时应排除故障后，方能进行测定）

（二）测量

1. 光谱扫描

（1）模式选择　选择主菜单“Acquire　Mode”下子菜单“Spectrum”项。

（2）参数设置　在“Spectrum”项下，选择主菜单“Configure”项下子菜单“Parameters”项，设置扫描参数：扫描速度、波长范围、测量方式、狭缝宽度、采样间隔。按“OK”完成参数设定，回到测定界面。

（3）基线扫描　将参比池与样品池均盛装空白溶液，置于样品室内，关上样品室门。选择点击“Base line”，开始进行扫描。

（4）光谱扫描　待基线校正完毕后，将外口的样品池换上样品溶液。按“start”开始扫描，扫描结束，出现文件名对话框，选择“save”保存或“discard”删除数据。（如测多份样品，更换样品溶液后点击“start”即可。）

（5）峰检测　选择“manipulate”项下“peak pick”，选择“output”下“save table”保存数据为文本文档。

（6）打印　将光谱图、文本文档（上述保存的文档）、测定参数等打印在一起。选择“Presentation”菜单下“plot”，在A、B、C、D项后选择要打印内容及文件名，在1、2、3、4位置排好版，按“print”即可。

2. 定量测定

（1）模式选择　选择“Acquire　Mode”项下“Quantitative”项。

（2）参数设置　在“Quantitative”项下，设置定量测定参数：定量方法、波长、记录范围、狭缝宽度、重复次数、浓度范围。按“OK”完成参数设定，回到测定界面。

（3）仪器校正　将参比池和样品池均盛以空白溶液，置于样品室内，关上样品室门。选择点击“Auto Zero”，仪器自动调零。

（4）绘制标准曲线　将样品室外口比色皿依次换上标准溶液（浓度从低到高），置于样品室内，选

择“Standard”，选择“Read”，出现“Edit Standard”对话框，输入标准溶液浓度，依次测定一系列标准溶液浓度，建立标准曲线。

（5）样品测定　将样品装入比色皿中，置于样品室内，选择“Unknown”，选择“Read”，计算机自动计算出样品数据。

（6）数据保存　测定结束时，从“File”菜单中选择“Save as”输入文件名。

（三）关机

（1）关机　测定结束后，单击“Exit”，退出主屏幕，关闭电源。

（2）复原　清洗比色皿，仪器归位，登记仪器使用情况。

五、Shimadzu UV－2450 紫外－可见分光光度计

（一）开机

1. 开机　接通电源，打开电脑，开启仪器，双击桌面“Uvprobe 2. 21”。

2. 自检　点击“connect”，以连接仪器。仪器自动进入自检状态，自检完成后，点“OK”。

（二）测量

1. 光谱扫描

（1）模式选择　选择点击“spectrum module”图标。

（2）参数设置　①点击工具条中的“M”，在弹出对话框内，设置实验参数（如波长范围等），点击“确定”完成设置。②点击“gragh”，在下拉菜单中点击“custornize”，点击“limits”设置参数（如 x、y 轴范围等），点击确定，完成设置。

（3）基线扫描　在两个比色皿中，都装入空白溶液。点击“baseline”，进行扫描基线。

（4）光谱扫描　基线扫描结束，将样品室外口的比色皿取出，换成待测溶液，点击“start”，则开始扫描记录光谱。扫描结束，出现文件名对话框，在对话框内，填上保存地址及光谱名称。选择“save”，数据被保存在指定的文件夹中。（若有多个样品，更换样品，重复上述操作。）

（5）打印　点“file”，在下拉菜单中，点“print”，则开始打印屏幕上的光谱图。

2. 定量测定

（1）模式选择　双击桌面“Uvprobe”图标，进入工作界面。

（2）参数设置　建立数据采集方法：①点击工具条中“M”，在“wevelenth”（波长）栏设置波长，点击“add”，点击下一步，在新对话框中，选择填上需要的内容。②打开“measurement parameter”，点击“instrument parameter”，在“Measuring Mode”中，选取“Absorbance”，狭缝选择 2，其他默认，点击“close”。③点击“file”，在菜单中选“save as”，在文件名中，填写“Phtometh”保存类型中，填写（*. pmd），点击保存，可保存方法。

（3）标准品测定　①输入文件信息，创建标准样品表，测定标准样品，查看标准曲线。②点击“file”，在菜单中点“new”，清除遗留的方法。③点击“file”，在菜单中点“open”，在列表中，选中目标方法，点击打开。④点击“file”，在菜单中点“property”，在名字框中填上 photo 1，其他可默认，点击确定。⑤点击标准样品表，在“sample ID”及“concentration”项中填上对应的数值。⑥将第一份标准溶液放入比色皿中，点击“Read Std”。点击“yes”。则开始测定，结果自动列入表中，依次将第 2、3、4…标准溶液放入，测定，结果测出，列入表中。⑦保存标准样品表，点击“file”，在菜单中点“save as”，输入文件名，在保存类型中选择“Standard Files（*. std）”，点击保存。

（4）样品测定，将样品放于比色皿，重复上述操作，点击“file”，选择“save as”，输入名字后，

点击保存。

（三）关机

1. 关机　测定结束后，退出主屏幕窗口。关闭电源。

2. 复原　清洗比色皿，仪器归位，登记仪器使用情况。

附录ⅡB　荧光光度计操作规程

960CRT 荧光光度计

（一）开机

打开荧光光度计电源“Power”→打开计算机→点击 960CRT 工作站→初始化→预热 30min。

（二）测量

1. 测量波长选择

（1）光谱扫描　将空白溶液和样品溶液分别装入样品池→点击“定性分析”→点击“参数设定”→设定扫描方式（EM）、波长范围（385～700nm）、灵敏度和扫描速度（中速）→点击“确定”→点击“开始扫描”→点击“保存”（路径 C:〉60CRT\ 自拟文件名 . ygw）。

（2）谱图分析　点击“定性分析”→点击“图谱分析”→调入已保存的图谱→点中文件（空白溶液和标准溶液）→点击“确定”→记录最大发射波长并观察瑞利和拉曼散射→记录数据。

2. 定量分析

（1）绘制标准曲线　点击“设置及测试”→点击“参数设定”→设定灵敏度等参数→按“To λ”键→输入扫描所得的波长→点击“退出”→点击“定量测量”→放入空白→点击“测本底”→依次放入标准溶液（由稀到浓）→输入浓度值→点击“测 INT”（荧光强度）→记录 INT 与 C→点击“1 次”（回归方程的次方）→点击“拟合”键→点击“保存”（路径 C:〉60CRT\ 自拟文件名 . ygw）→退出。

（2）样品测定　点击“定量测量”→点击“打开标准曲线”→点中保存的文件→放入样品溶液→点击“测 INT”（3～5 次）→求平均值→记录 INT 值（F）与浓度（C）。

（三）关机

1. 关机顺序　计算机→显示器→打印机→主机→电源。

2. 样品池洗净，仪器归位，登记仪器使用情况。

附录ⅡC　原子吸收分光光度计操作规程

一、GGX－9 原子吸收分光光度计

（一）开机

1. 选择安装待测元素的空心阴极灯（HCL），打开主机电源，依据光斑位置，调整灯位置以保证光源正对喷射口正上方 4～6mm 的位置。

2. 打开电脑、工作站，出现“请打开主机电源”提示，按“确认”，仪器自检，约 3min 后出现

“光零曲线”，按“返回”，软件回到主窗口。

（二）仪器参数设置

1. 单击“工作条件最佳化”，进入仪器参数设置界面。

2. 单击“仪器条件”→“元素选择”→选择测定元素→按“确定”（仪器自动填入所测元素，选定检测波长）→选择工作方式（选择吸收）、光谱带宽、设置灯电流、负高压→按“确定”。

3. 单击“自动波长”，此时仪器自动寻找该元素能量最大的谱线，手动调节灯的位置，使能量最大为止。

4. 参数及条件设置确认后，打开乙炔气和助燃气，流量比1:5，用点火器点火。

5. 单击“自动高压”，在工作状态下再调灯能量到100。

（三）分析条件设置

1. 单击“分析条件”。

2. 在“标准系列”中填入1 ~ n 个系列标准溶液的浓度值。

3. 选择分析单位、测量方式（标准曲线）、积分时间（3.0）、信号处理。

（四）测试

1. 单击“数据测量”，进入测量界面。

2. 空白溶液测试　将吸样管插入空白溶液中，单击“清零”，待读数稳定或曲线平稳时→单击“空白”，置空白溶液吸光度为零。

3. 标准溶液测试　将吸样管插入浓度最低的标准溶液中，待读数稳定或曲线平稳时，单击“标准”→单击“标样1”，依次测试标样2、3…。

4. 标准溶液测试完毕，单击“标准曲线”出现标线图，单击“曲线处理”出现标准品相关信息和回归方程。

5. 将吸样管插入样品溶液瓶中，待读数稳定或曲线平稳时，单击“样品”，仪器记录样品吸光度并根据标准曲线计算出样品浓度值。

6. 单击“结果处理”→单击“测量结果打印”→打印报告；单击“仪器准备”→单击“测量结果存盘”，可将测量结果保存在建好的文件夹中。

（五）关机

1. 样品测量完毕，将吸样管插入去离子水中，冲洗雾化器。

2. 关闭乙炔气和助燃气。关闭乙炔气总阀门。

3. 关闭仪器电源。关闭工作站、计算机。

4. 仪器归位，登记仪器使用情况。

二、TAS－990原子吸收分光光度计

（一）开机

1. 打开抽风设备；打开稳压电源；打开计算机电源，进入Windows桌面系统；打开TAS－990火焰型原子吸收主机电源。

2. 双击TAS－990程序图标“AAwin”，选择“联机”，单击“确定”，进入仪器自检画面。等待仪器各项自检“确定”后进行测量操作。

（二）选择元素灯及测量参数

1. 选择“工作灯（W）”和“预热灯（R）”后单击“下一步”。

2. 设置元素测量参数，可以直接单击“下一步”。

3. 进入“设置波长”步骤，单击寻峰，等待仪器寻找工作灯最大能量谱线的波长。寻峰完成后，单击“关闭”，回到寻峰画面后再单击“关闭”。

4. 单击“下一步”，进入完成设置画面，单击“完成”。

（三）设置测量样品和标准样品

1. 单击“样品”，进入“样品设置向导”主要选择“浓度单位”。

2. 单击“下一步”，进入标准样品画面，根据所配制的标准样品设置标准样品的数目及浓度。

3. 单击“下一步”；进入辅助参数选项，可以直接单击“下一步”；单击“完成”，结束样品设置。

（四）点火步骤

1. 选择“燃烧器参数”输入燃气流量为1500以上。

2. 检查液位检测装置里是否有水。

3. 打开空压机，空压机压力达到0.22～0.25MPa；打开乙炔，调节分表压力为0.07～0.08MPa。

4. 单击点火按键，点火。（观察火焰是否点燃，如果第一次没有点燃，请等5～10秒再重新点火。）

5. 火焰点燃后，把进样吸管放入蒸馏水中5min后，单击“能量”，选择“能量自动平衡”调整能量到100%。

（五）测量步骤

1. 标准样品测量　把进样吸管放入空白溶液，单击校零键，调整吸光度为零；单击测量键，进入测量画面（在屏幕右上角），依次吸入标准样品。（必须根据浓度从低到高的测量；注意：在测量中一定要注意观察测量信号曲线，直到曲线平稳后再按测量键“开始”，自动读数3次完成后再把进样吸管放入蒸馏水中，冲洗几秒钟后再读下一个样品。做完标准样品后，把进样吸管放入蒸馏水中，单击“终止”按键。把鼠标指向标准曲线图框内，单击右键，选择“详细信息”，查看相关系数 R 是否合格。如果合格，进入样品测量。）

2. 样品测量　把进样吸管放入空白溶液，单击校零键，调整吸光度为零；单击测量键，进入测量画面（屏幕右上角），吸入样品，单击“开始”键测量，自动读数3次完成一个样品测量。（注意事项同标准样品测量方法。）

3. 打印或保存　测量完成，单击“打印”，根据提示选择需要打印的结果；或单击“保存”，根据提示输入文件名称，单击“保存（S）”按钮（以后可以单击“打开”调出此文件）。

4. 如果需要测量其他元素，单击“元素灯”，从“2”项起进行操作。

（六）关机

1. 样品测量完毕，将吸样管插入去离子水中，冲洗雾化器。

2. 测量完成后，一定要先关闭乙炔，等到计算机提示“火焰异常熄灭，请检查乙炔流量”；再关闭空压机，按下放水阀，排除空压机内水分。关闭乙炔气总阀门。

3. 关闭仪器电源。关闭工作站、计算机。

4. 仪器归位，登记仪器使用情况。

附录ⅡD 红外分光光度计操作规程

一、Nicolet IR-100 红外分光光度计

（一）开机

1. 开主机 打开主机电源预热30min。

2. 开电脑 打开电脑，双击Encompass，进入操作界面，仪器进入自检。

（二）测量

1. 参数设置

2. 空白扫描 在样品架空，选择“Collect”→“Background”。

3. 样品片扫描 选择“Collect”→“Sample”。扫描结束后存入样品名。

4. 谱图分析 对已扫描的谱图进行分析：“Analyze”→“Find Peaks”（寻找峰，标出波数值）。

5. 谱图处理 对扫描谱图进行处理：“Process”→“Smooth”（每点一次可使基线平滑）→“Annotation”（可把波数拖至任一位置）。

6. 打印 设置报告方法：“Setup”→“Print Options”→…。打印报告选择“File”→“Print”。

（三）关机

1. 测定结束后，退出工作站，关闭电脑，关闭电源。

2. 用乙醇清洗模具，仪器归位，登记仪器使用情况。

二、Nicolet IS5 红外分光光度计

（一）开机

开机预热 打开主机电源，预热30min。

（二）测量

1. 方法设置 打开电脑，运行“OMNIC”程序，选择“采集”菜单下的“实验设置”选项。点击“光学台”——MAX为6左右，表示仪器稳定，点“确定”。

2. 光谱扫描 点击“采集”菜单下的“采集样品”，输入样品名称后点击“确定”；弹出“请准备采集背景”对话框点“确定”，出现“采集样品”对话框后，将制备好的样品迅速放入仪器样品室的固定位置上，点击“确定”得到样品的红外光谱图。

3. 谱图处理 点击菜单“图谱分析”中的“标峰”，上下点击鼠标，标出所需峰值，点击右上角的“替代”，得到有峰标记的红外谱图

4. 谱图保存 选择“文件”菜单下“另存为”，把谱图存到相应的文件夹。

（三）关机

1. 关机 测定结束后，退出工作站，关闭电脑，关闭电源。

2. 复原 取出样品，用乙醇清洗模具。仪器归位，登记仪器使用情况。

三、布鲁克TENSOR27 红外分光光度计

（一）开机

打开电源，仪器预热30min，打开电脑，连接。

（二）样品测试

1. 参数设置　点击，设置各项参数（峰位和输入样品名称以及扫描波长范围）。

2. 背景扫描　对空气或空片进行扫描。

3. 样品扫描　开始样品预览扫描，最后在谱图区单击“START”开始测试。

（三）谱图处理

1. 点击调出自己的数据文件。

2. 点击，扣除谱图中水和 CO_2 干扰。

3. 点击，调整基线。

4. 点击，标峰位，然后选择“STORE”保存。

5. 点击手动标峰。

6. 点击打印谱图。

（四）关机

1. 关机　测定结束后，退出工作站，关闭电脑，关闭电源。

2. 复原　测试结束，马上用脱脂棉花和溶剂擦干净测试部位和压杆。仪器归位，登记仪器使用情况。

附：固体样品制备——压片法

（1）研磨　取供试品 1～1.5mg，置玛瑙研钵中，加入干燥的溴化钾或氯化钾细粉 200～300mg（与供试品的比约为 200∶1）作为分散剂，在红外灯下充分研磨混匀（研匀并除去水分）。

（2）装片压片　将上述粉末置于 13mm 的压片模具中，使铺展均匀，装好模具，放上压片机，抽真空 2min，同时，关闭放油阀（顺时针转动 1/4 圈），压动加压杆加压至 0.8×10^6kPa（8～10 T/cm^2），保持压力 2min。

（3）放空取片　打开放油阀（逆时针转动 1/4 圈，注意不可将放油阀逆时针旋转过多。），撤去压力并放气后取下模具，小心打开，目视检测，片子应呈透明状，供试品应分布均匀。

注：模具直径可变，但需调整供试品与分散剂的用量。

附录ⅡE　气相色谱仪操作规程

一、1120 气相色谱仪

（一）开机

1. 装柱　选择合适的色谱柱一端接进样器，另一端接 FID 检测器。

2. 开载气　打开载气钢瓶的总阀及减压阀至 0.4～0.5MPa。

3. 开主机　确定有载气流量后，打开气相主机电源开关。仪器自检。（待仪器进行自检和初始化后，将在面板上显示全部通过并发出两声蜂鸣声，屏幕跳到“主菜单”界面。）

（二）测试

1. 温控设置　在“主菜单”界面，按数字键“4”进入“4. 常规信息”界面，设定参数，设定进样器温度、柱箱温度及检测器温度。（如需程序升温，则需返回到“主菜单”界面，按数字键“2”进入“2. 柱箱”界面，设置升温程序。）设定完毕，按“启动”键，仪器开始升温程序。

2. “点火”　打开氢气发生器和空气发生器电源开关，通气 10min。进入“主菜单”界面，按数字键“3”进入“3. 检测器”界面，按数字键“1”，进入 FID 检测器界面。按（▲）或（▼）移动光

标，选择“A路点火开关”，按（?）点火，状态由“OFF”变为“ON”，点燃氢火焰。（该步骤适合FID）

3. 打开工作站 打开电脑，双击N2000色谱工作站图标，进入色谱工作站。出现“打开通道1”或“打开通道2”画面，在1或2或两者旁边点击，打上一个“√”，再单击“OK”即可以进入N2000型在线色谱工作站。

4. 参数设置 出现“实验信息”方法，进行实验信息编辑。单击“方法”，进入编辑实验方法，编辑实验方法。

5. 进样分析 单击“采集控制”，完毕后，单击“采用”按钮。用微量注射器取样，注入样品，立即按“采集数据”，即开始记录色谱图，采集数据完毕，点击“停止采集”，完成采集。

6. 谱图处理 打开“离线色谱工作站”进行积分编辑，并保存处理结果。

7. 打印 打开“打印”菜单下，点击“打印”，即打印报告。

（三）关机

1. 实验结束关闭工作站，关闭氢气发生器和空气发生器开关。

2. 主机降温，在面板进入“4. 常规信息”设定参数界面，设置柱温30℃，进样器40℃，检测器40℃。等温度降到设定值后，关闭主机电源。

3. 关闭载气，填写使用记录。

二、GC 9790 气相色谱仪

整个操作过程包括：实验条件设置（开气、开机、温度设置、桥流设置和建立文件）、在线采集数据、离线数据分析和关机。

（一）实验条件设置

1. 开气 钢瓶阀（逆时针旋转打开）→钢瓶减压阀（顺时针旋转打开）→净化器（on）→载气总压（0.3MPa）载气Ⅰ、载气Ⅱ（0.05MPa，逆时针旋转约2.5圈，两柱流量相等）。

2. 开机 按下色谱仪“Power”键（打开色谱仪主机电源）→按下加热器“Power”键（打开加热器电源）→打开电脑主机及显示器。

3. 温度设置 按“柱温”键（输入数字eg. 100℃）→按“热导”键（输入数字eg. 110℃）→按“注射器”键（数字eg. 110℃）。（设置方法：按所需设置的项目按钮→按数字键→按输入键）

4. 桥流设置 按“参数”键→按输入键移动光标至“Current”→数字键输入“35”→若复位灯亮则按复位键（右边门内）→按下开关。（该步骤适用于TCD）

5. 建立文件 打开电脑→选择存储路径→建立文件夹。

（二）在线采集数据

1. 填写信息 点击在线工作站→选择打开通道1→点击实验信息（填写全部项目）→点击实验方法（选择采样结束时间，采样结束后自动积分和文件保存方式等）→选择样品保存路径→点击“采用”键。

2. 查看基线 点击“方法”→点击“采集控制”→点击“数据采集”→点击“查看基线”→按“零点校正”→点击“查看基线”→基线平直后，再按“查看基线”。

3. 数据采集 注射器注入样品（同时按遥控开关或点击采集数据）→等待出峰完毕→再按“采集

控制"（停止数据采集）谱图和数据按所设路径自动保存。

（三）离线数据分析

图谱分析　点击离线工作站→点击"[图谱]"→调入已存的文件→积分方法（面积校正，归一法）→点击"[采用]"→点击"[组分表]"→点击"[全选]"→填峰名→填校正因子→点击"[采用]"→点击报告编辑→选择打印项目（系统评价、显示图谱、实验信息、积分方法、组分表）→记录数据。

（四）关机

1. 调节温度为50°（包括进样器、柱箱、热导）→降至50°后关闭加热器电源→关闭色谱仪主机电源→关闭电脑。

2. 关闭载气钢瓶，登记使用记录。

三、Agilent 7890A 气相色谱仪

（一）操作前准备

1. 装柱　打开柱温箱门查看是否是所需用的色谱柱，若不是则旋下毛细管柱连接进样口和检测器的螺母，卸下毛细管柱。换上所需毛细管柱，放上螺母，并在毛细管柱两端各放一个石墨环，然后将两侧柱端截去1～2mm，进样口一端石墨环和柱末端之间长度为4～6mm，检测器一端将柱插到底，轻轻回拉1mm左右，然后用手将螺母旋紧，不需用扳手。新柱老化时，将进样口一端接入进样器接口，另一端放空在柱温箱内，检测器一端封住，新柱在低于最高使用温度20℃～30℃以下，通过较高流速载气连续老化24h以上。

2. 开气　①开启载气（N_2 或 He）钢瓶高压阀前，首先检查低压阀的调节杆应处于释放状态，打开高压阀，缓缓旋动低压阀的调节杆，调节至约0.6MPa。②打开氢气钢瓶或氢气发生器主阀，调节输出压至0.4MPa。③启动空气发生器，调节输出压至0.4MPa。（用检漏液检查柱及管路是否漏气。）

（二）开机

1. 开机　接通电源，打开电脑，进入英文 windows NT 主菜单界面。开启主机，主机进行自检。

2. 联机　进入 Windows 系统后，双击电脑桌面的"Instrument Online"图标，使仪器和工作站连接。

（三）编辑方法

1. 从"Method"菜单中选择"Edit Entire Method"，根据需要勾选项目，"Method Information"（方法信息），"Instrument/Acquisition"（仪器参数/数据采集条件），"Data Analysis"（数据分析条件），"Run Time Checklist"（运行时间顺序表），确定后单击"OK"。

2. 出现"Method Commons"窗口，如有需要输入方法信息（方法用途等），单击"OK"。

3. 进入"Agilent GC Method：Instrument 1"。

4. "Inlet"参数设置。输入"Heater"（进样口温度）；"Septum Purge Flow"（隔垫吹扫速度）；拉下"Mode"菜单，选择分流模式或不分流模式或脉冲分流模式或脉冲不分流模式；如果选择分流或脉冲分流模式，输入"Split Ratio"（分流比）。完成后单击"OK"。

5. "CFT Setting"参数设置。选择"Control Mode"（恒流或恒压模式），如选择恒流模式，在"Value"输入柱流速。完成后单击"OK"。

6. "Oven"参数设置。选择"Oven Temp On"（使用柱温箱温度）；输入恒温分析或者程序升温设置参数；如有需要，输入"Equilibration Time"（平衡时间），"Post Run Time"（后运行时间）和"Post

Run”（后运行温度）。完成后单击“OK”。

7. “Detector”参数设置。勾选“Heater”（检测器温度），“H_2 Flow”（氢气流速），“Air Flow”（空气流速），“Makeup Flow”（N_2 尾吹速度），“Flame”（点火）和“Electrometer”（静电计），并对前四个参数输入分析所要求的量值。完成后单击“OK”。

8. 如果在①中勾选了“Data Analysis”，出现“Signal Detail”窗口。接受默认选项，单击“OK”；出现“Edit Integration Events”（编辑积分事件），根据需要优化积分参数。完成后单击“OK”；出现“Specify Report”（编辑报告），选择“Report Style”（报告类型）；“Quantitative Results”（定量分析结果选项）。完成后单击“OK”；如果在①中勾选了“Run Time Checklist”，出现“Run Time Checklist”，至少勾选“Data Acquisition”（数据采集）。完成后单击“OK”。

9. 方法编辑完成。储存方法：单击“Method”菜单，选中“Save Method As”，输入新建方法名称，单击“OK”完成。

（四）测试

1. 单个样品的方法信息编辑及样品运行　从“Run Control”菜单中选择“Sample Info”选项，输入操作者名称，在“Data File”－“Subdirectory”（子目录）输入保存文件夹名称，并选择“Manual”或者“Prefix/Counter”，并输入相应信息；在“Sample Parameters”中输入样品瓶位置，样品名称等信息。完成后单击“OK”。

2. 待工作站提示“Ready”，且仪器基线平衡稳定后，从“Run Control”菜单中选择“Run Method”选项，开始进样采集数据。

（五）数据处理

1. 双击电脑桌面的“Instrument 1 Offline”图标，进入工作站。

2. 选择数据，单击“File”－“Load Signal”，选择要处理数据的“File Name”，单击“OK”。单击打开图标，选择所需方法的“File Name”，单击“OK”。

3. 积分。单击菜单“Integration”－“Auto Integrate”。若积分结果不理想，可从菜单中选择“Integration”－“Integration events”选项，选择合适的“Slope sensitivity”，“Peak Width，Area Reject”，“Height Reject”。从“Integration”菜单中选择“Integrate”选项，则按照要求，数据被重新积分。

（六）建立校正标准曲线

1. 调出第一个标样谱图。单击菜单“File”－“Load Signal”，选择标样的 File Name 单击“OK”。

2. 单击菜单“Calibration”－“New Calibration Table”。

3. 弹出“Calibrate”窗口，根据需要输入“Level”（校正级），和“Amount”（含量），或者接受默认选项，单击“OK”。

4. 如果“（3）”中没有输入“Amount”（含量），则在此时（Amt）中输入，并输入“Compound”（化合物名称）。

5. 增加一级校正。单击菜单“File”－“Load Signal”，选择另一标样的“File Name”，单击“OK”。然后单击菜单“Calibration”－“Add Level”。

6. 方法储存。单击“Method”菜单，选中“Save Method As”，输入新建方法名称，单击“OK”完成。

（六）关机

1. 仪器在测定完毕后，将检测器熄火，关闭空气、氢气，将炉温降至50℃以下，检测器温度降至100℃以下，关闭进样口、炉温、检测器加热开关，关闭载气。将工作站退出，然后关闭主机，最后将载气钢瓶阀门关闭，切断电源。

2. 登记使用记录。

附录ⅡF　高效液相色谱仪操作规程

一、Shimadzu LC－20AT 高效液相色谱仪

适合组成：LC－20AT 泵、SPD－20A 紫外检测器、llheodyne7752i 手动进样器、柱温箱，配置 LCsolution 色谱工作站。

（一）开机

1. 准备好流动相，按色谱柱上标示的流动相流经方向连接色谱柱，依次打开电脑电源、泵、检测器、柱温箱。

2. 打开旁通阀（逆时针旋转 90°～180°），按"purge"键进行过滤器至泵的冲洗操作。

3. 关闭旁通阀（顺时针旋转 90°～180°），按"pump"键。

4. 双击进入 LCsolution 工作站，选择"操作"，进入系统主界面，听到连续两次滴滴声，确认与色谱仪主机连接正确。

（二）测试

1. 选择"实时分析"→"数据采集"，设定采集时间、检测波长、流速、柱温。设定完成后点击"文件"下的"方法另存为"保存方法，并按"下载"，使参数下传至仪器各部分。

2. 按"单次分析"按钮，依次填写样品名，样品 ID，选择上述保存的方法文件，并在数据存储路径中填写文件名，点击"确定"。

3. 桌面出现提示框，扳动进样阀手柄至"inject"位置，插入微量注射器，扳动进样阀手柄至"load"位置，注入供试液，扳动进样阀手柄至"inject"位置，进样完成，分析开始。

（三）处理

1. 分析结束后，进入"再解析"中的 LC 数据分析，打开被分析文件。

2. 选择"向导"，设置合适的积分参数、半峰宽、斜率值，对目标峰进行自动积分。

3. 在"批处理"中，可设置生成校准曲线。

4. 得到结果后，点击"报告模板"，编辑报告方式，编辑完成后保存文件。将处理好的数据以编辑好的模板输出报告。

（四）关机

1. 关闭检测器，冲洗色谱柱，将流速降到 0 之后，依次关闭泵、柱温箱等设备。关闭工作站所有窗口，退出工作站，再依次关闭电脑主机，显示器，打印机。

2. 关闭电源，填写使用记录。

二、Waters 515 高效液相色谱仪

适合组成：515 泵、2487 检测器、柱温箱，配置 Empower 色谱管理软件。

（一）开机

依次打开计算机、泵、检测器的电源开关，仪器通过自检后，进入 Empower 色谱管理系统。

（二）泵的操作

1. 检查泵的电路及流路正确连接无误，将吸液头插入已经过滤和脱气处理的流动相中。

2. 将泵左侧面板的电源打开，泵通过自检后，液晶显示屏显示 READY 状态。

3. 进行排气操作，打开排液阀（逆进针方向），用注射器抽气，直至液体流出，关闭排液阀。

4. 按“MODE”至流速显示，按“△”或“▽”设置流速。设置冲洗流速 0.2ml/min，按“RUN/STOP”键，泵开始输液，液晶显示屏显示“RUN”状态。观察泵出口流液应连续无气泡。或用外接 Empower 色谱管理软件调控。

（三）检测器的操作

1. 检查检测器的电路和流路正确连接无误。

2. 打开检测器电源开关，检测器通过自检后，显示出吸光度主屏幕。

3. 在面板上选择检测方式：单波长或双波长。或用外接 Empower 色谱管理软件调控。

（四）Empower 色谱管理软件操作

1. 启动计算机，打开 Empower 色谱管理软件。

2. 采集数据　①设置泵参数：工作流速，流动相比例、高压限和低压限。②设置检测器参数：检测波长（nm）、灵敏度（AUFS，常用 2.0）。③命名样品名，设置采集时间，进样体积。按“INJECT”（进样）按钮，等软件状态栏出现“等待进样”时用微量注射器取样，进样阀手柄扳至“LOAD”位置，将供试液注入进样阀，手柄转到“INJECT”位置注入样品，仪器开始自动记录色谱图。

3. 建立数据处理方法　选择最窄的峰确定峰宽；选择一段基线确定积分阈值；选择处理区间；指定最小峰面积和最小峰高。

4. 选择定量方式　在“channels”（收集通道）中选择已登录的标准品和样品，按“process”（处理）按钮，在“result”（结果）中可得到标准曲线和计算结果。

5. 打印报告　在“result”（结果）列表中，选中所打印数据，右击选择“print”弹出“reporting”对话框选择打印机和打印方法，点击“OK”即可。

（五）关机操作

1. 冲洗　全部测定完毕后，冲洗色谱柱和管路（调节流动相极性从大到小冲洗色谱柱）。

2. 降流速　用面板功能（按“MODE”至流速显示，按“△”或“▽”设置流速）或用外接 Empower 色谱管理软件调控，流速每次降 0.2ml/min，待柱压稳定后再降 0.2ml/min，直到 0.0ml/min 为止。

3. 退出工作站，关闭计算机，关闭各部件电源。

4. 填写使用记录。

三、Waters2695 高效液相色谱仪

适合仪器组成：主机、紫外检测器，配置 Empower 色谱管理软件。

（一）开机

打开电源，仪器自检 1～2min，预热 5min，稳定约 30min。设定通道、波长模式、波长（也可在工作站上设置），回零（Auto Zero），分析检测。

（二）主机面板功能

1. 打开电源开关，仪器开始自检（4～5min），待屏幕上方出现“idle”字样表示自检成功。

2. 按面板右下方“Menu/Status”键进入“Status（1）”界面，移动光标至“Degasser Mode”，按“Enter”选择“On”，打开在线脱气。

3. 在“Status（1）”界面设定柱温，移动光标至“Col Htr Set”，输入目标温度按“Enter”即可。

（可在色谱工作站方法中设置）

4. 按“Menu/Status”键回到“Menu”界面，按下排功能键“Diag”，然后再按下排功能键“Prime Seal Wash”，“Start”，冲洗1～2min后，“HALT”，“CLOSE”。

5. 在“Status（1）”界面中“Composition”下，选择将用到的溶剂通道为“100%”，按液晶屏幕右下角“Direct Function”键，移动光标选择“2 Wet Prime”，“OK”。将每一个会用到的溶剂通道按照上述操作一次。

6. 进入“Direct Function”界面后，选择“3 Purge Injector”，“OK”。

7. 进入“Diagnostics”界面，按下排功能键之“Prime Ndl Wash”，“Start”，默认30s，“Close”，即可返回“Diagnostics”界面。

8. 在“Status（1）”界面上，按流动相比例设定各通道溶剂比例后，再“Wet Prime”操作一次，然后设置流速，平衡色谱柱30～60min。

（三）Empower色谱管理软件操作

1. 启动计算机，打开Empower色谱管理软件。

2. 方法设置　①设置泵参数：工作流速，流动相比例、高压限和低压限。②设置检测器参数：设置检测波长（nm）（单波长或双波长）、灵敏度（AUFS，常用2.0）。③保存方法。

3. 进样设置　命名样品名，设置采集时间，进样体积，样品瓶号，选择分析方法。点“开始”，仪器自动完成进样分析，记录色谱图。

4. 建立数据处理方法　选择最窄的峰确定峰宽；选择一段基线确定积分阈值；选择处理区间；指定最小峰面积和最小峰高。

5. 选择定量方式　在“收集通道”中选择已登录的标准品和样品，点“处理”，在“结果”中可得到标准曲线和计算结果。

6. 打印报告　在“结果”列表中，选中所打印数据，右击选择“打印”弹出“报告”对话框选择打印机和打印方法，点击“OK”即可。

（四）测试

1. 拉开样品转盘舱门，将盛有待测样品溶液的样品瓶放入转盘中，记下样品瓶号，关上舱门。

2. 打开工作站，设置仪器方法、方法组、自动进样序列等，监视基线、检测样品。

3. 分析处理数据、打印报告。

（五）关机操作

1. 冲洗　全部测定完毕后，冲洗色谱柱和管路（调节流动相极性从大到小冲洗）。

2. 降流速　用面板功能或用Empower色谱管理软件调控，流速每次降0.2ml/min，待柱压稳定后再降0.2ml/min，直到0.0ml/min为止。

3. 退出工作站，关闭计算机，关闭各部件电源。

4. 填写使用记录。

四、Agilent高效液相色谱－ChemStations

适合组成：输液泵、在线脱气机、自动进样器、柱温箱和检测器等部件，配置ChemStations色谱工作站。

（一）开机操作

1. 接通电源，打开计算机及工作站各部件开关，约30s后，各部件预热完毕，进入待机状态，指示灯为黄色或无色。

2. 打开 ChemStations，进入 Instrument 1 online 状态，约 30s 后，计算机进入工作站的操作界面。该界面主要组成如下：①最上方为命令栏，依次为 File、Run Control、Instrument 等。②命令栏下方为快捷操作图标，如多个样品连续进行分析、单个样品进样分析、调用文件、保存文件等。③左边为样品信息栏。④中部为工作站各部件的工作流程示意图，依次为进样器→输液泵→柱温箱→检测器→数据处理→报告。⑤中下部为动态监测信号。⑥右下部为色谱工作参数：进样体积、流速、分析停止时间、流动相比例、柱温、检测波长等。

（二）色谱条件的设定方法

1. 直接设定　在操作页面的右下部 - 色谱工作参数中设定。将鼠标移至要设定的参数如进样体积、流速、分析时间、流动相比例、柱温、检测波长等，单击一下，即可显示该参数的设置页面，键入设定值后，单击“OK”，即完成。

2. 调用已设置好的文件　在命令栏“Method”下，选择“Load Method”，或直接单击快捷操作的“Load Method”图标，选定文件名，单击“OK”，此时，工作站即调用所选用文件中设定的参数。如欲修改，可在色谱工作站参数中作修改；也可以在命令栏“Method”下，选择“Edit Entire Method”，随后工作站即按顺序出现一系列参数设置界面，在每个界面中键入设定值，单击“OK”，即完成。

3. 编辑新文件　先在命令栏“Method”下，选择“New Method”，然后再在命令栏“Method”下，选择“Edit Entire Method”，在每个参数设置界面下键入设定值，完成后，在命令栏“Method”下，选择“Save Method”，给新文件命名，单击“OK”，即完成。

（三）仪器运行

当色谱参数设置完成后，单击工作站流程图右下角的“on”，仪器开始运行（此时，画面颜色由灰色转变成黄色或绿色，当各部件都达到所设参数时，画面均变为绿色，左上角红色的“not ready”变为“ready”，表明可以进行分析。若要终止仪器的运行，可单击流程图右下角的“off”，再单击“Yes”，关闭输液泵、柱温箱和检测器氘灯）。

（四）进样分析

1. 单个样品分析　在命令栏“Run Control”下，选择“Sample Info…”或单击快捷操作的“一个小瓶”图标，然后单击样品信息栏内的小瓶，选择“Sample Info…”，即打开了样品信息界面，可输入操作者（operator name）、数据存贮通道（subdirectory）、进样瓶号（vial）、样品名（sample name）等信息，单击“OK”，待进样分析。

2. 多个样品连续分析　单击快捷操作的“三个小瓶”图标，然后单击样品信息栏内的样品盘，选择“Sequence Table”，即进入连续进样序列表的编辑，可输入进样瓶号、样品名、进样次数、进样体积等信息，单击“OK”，待进样分析。

3. 单击样品信息栏上方绿色的“Start”，自动进样器即按照（1）或（2）设置的程序进行分析，如欲终止分析，可单击样品信息栏上方红色的“stop”，否则，仪器将执行色谱参数设置中所设定的分析停止时间。

（五）数据处理

在命令栏“View”下，选择“Data Analysis”，进入数据处理界面。该界面最上方为命令栏，依次为 File，Graphics，integration 等。命令栏下为快捷操作图标，如积分、校正、色谱图、单一色谱图调用、多色谱图调用、调用方法、保存方法等。

1. 调用色谱图　在命令栏“File”下，选择“Load Signal”或单击快捷操作的“单一色谱图调用”

图标，选择色谱图文件名，单击“OK”，界面中即出现所调用的色谱图。

2. 积分　先调用所要分析的色谱图，在命令栏“Integration”下，选择“Integrate”或单击快捷操作的“积分”图标，此时仪器按内置的积分参数给出积分结果。如欲对其中某些参数进行修改，可在命令栏“Integration”下，选择“Integrate Events”或单击快捷操作的“编辑/设定积分表”图标，此时，在屏幕下方左侧出现积分参数表，右侧为积分结果，在积分参数表中按实际的要求输入修改的参数，如斜率、峰宽、最小面积、最低峰高等。在命令栏“Integration”下，选择“Integrate”或单击快捷操作的“对现有色谱图积分”图标，仪器即按照新设定的积分参数重新积分，完成后，单击积分参数表中“取消积分参数表”的快捷图标，保存所作的参数修改，单击“OK”，即可退出。

3. 校正　如果需要进行标准曲线制备，可按此项进行操作。先调用第一色谱图，在命令栏“Calibration”下，选择“New Calibration Table”或单击快捷操作左边的“校正”（为天平画面）图标，再单击快捷操作画面右侧的“新校正表”（Calibration 下第一个天平画面）图标。在此时出现的页面上，选择“Automatic Setup Level”，并设校正数为“1”，单击“OK”，在画面的下方左侧出现校正表，右侧为校正图。然后选择快捷操作的“校正表选项”（右下角带叉的天平画面）图标，根据实际要求设计校正表的各栏参数，单击“OK”，即可完成。在画面左下侧的校正表中选择所要的色谱峰，并输入校正级数和样品浓度，如果采用内标法，需对内标进行标记。调用第二色谱图，在命令栏“Calibration”下，选择“Add Level”，设为“2”，单击“OK”，在画面左下侧的校正表中输入校正级数和样品浓度。调用第三色谱图，重复上述操作，逐级增加校正级数，至校正数据调用完毕（如需对校正表中的某些数据进行重新修正，可调用新的图谱，在命令栏“Calibration”下，选择“Recalibration’，并在校正表中输入校正级数，样品浓度）。此时，校正表右侧自动绘制各组分的标准曲线，并进行线性回归。单击校正表中的“print”，可进行打印。

（六）分析报告的打印

在命令栏“Report”下，选择“Specify Report”或单击最右侧快捷操作的“定义报告及打印格式”（右下角带叉的报告画面）图标，根据实际要求选择报告的格式和输入形式等，单击“OK”即可完成。例如，可在“Destination”项下选择“Screen”；在“Quantitative Result”项下，对“Calculate”选“Percent”、对“Based On”选“Area”、对“Sorted By”选“Signal”；在“Style”项下，对“Report style”选“Short”，再依次选择“Sample info on each page”、“Add chromatogram output”。然后，选择快捷操作的“报告预览”图标，可预览报告的全貌，单击“print”，即可进行报告的打印。最后，单击“close”，退出此操作界面。

（七）关机

1. 在命令栏“View”下，选择“Method and Run Control”，回到主控制界面，在命令栏“File”下，选择“Exit”，单击“Yes”，关闭“Instrument 1 online”，再单击“Yes”，关闭输液泵、柱温箱及检测器氘灯。

2. 在工作站界面上，在“File”下选“Close”，退出“Chem Stations”。

3. 关闭计算机及所有工作站各部件电源开关，填写使用记录。

五、Agilent 高效液相色谱仪 - EZChrom Elite

适合组成：输液泵、紫外检测器、手动进样器，配置 EZChrom Elite 色谱工作站。

（一）开机操作

1. 开机　打开电脑电源、色谱仪电源。（按色谱柱上标示的流动相流经方向连接色谱柱。）

2. 打开软件 双击桌面工作站图标，跳出对话框后，双击仪器型号图标，进入系统。从菜单“控制”中，点击“仪器状态”，分别点击左侧“单元泵”与右侧“VWD”开关使激活，显示“空闲”状态。

3. 冲洗与排气 打开旁通阀（逆时针旋转90°~180°），通过色谱工作站在线状态，从菜单“控制”中，点击“仪器状态”对话框，左侧“单元泵”设置流速，控制泵的流速（一般≤3ml/min）进行过滤器至泵的冲洗或排除管道气泡，待冲洗完毕或气泡排尽，将流速调至≤1ml/min后，关闭旁通阀（顺时针旋转90°~180°）。

4. 仪器方法设置 ①新建与保存方法：从菜单“文件”中，打开“方法”选择“新建”，在“仪器设置”对话框下，设置单元泵流速、VWD波长、运行时间等指标，设定完成后点击“文件”下的“方法另存为”保存方法，并按“下载”，使参数下传至仪器各部分。②调用原有方法：从菜单“文件”中，打开“方法”选择“打开”，找到方法，点击“打开”。

（二）进样分析

1. 设置数据保存路径 待仪器稳定后，按“控制”选择“单次运行”按钮（或单击进样图标），依次填写样品名，样品ID，选择上述保存的仪器方法文件，并在数据存储路径中填写文件名，点击“确定”。

2. 进样 待桌面下方黄色提示框变为紫色，提示“等待触发”，扳动进样阀手柄至“load”位置，将微量进样器中样品推入仪器后，扳动进样阀手柄至“inject”位置，进样完成，显示“运行”，分析开始。

（三）数据分析与报告

1. 打开数据文件 待“运行”结束后，进入“离线打开”（双击桌面工作站图标，右击仪器型号图标），单击菜单“文件”，选择保存路径“Data”中的相应文件，点击“打开”，打开待分析文件。

2. 数据分析 ①自动积分，点击“分析”选择“积分事件”：设置适宜的积分参数，如宽度、阈值与积分关闭等，点击“积分”，即进行自动积分。②手动积分，点击（积分关闭），选择关闭的时间起点和终点后，点击立即分析。

3. 数据显示 得到结果后，点击“自定义报告”，编辑报告方式，编辑完成后保存文件，将处理好的数据以编辑好的模板输出报告。或直接点击“报告”，显示分析结果。

（四）关机

1. 关闭检测器，冲洗色谱柱，将流速降到0之后，依次关闭泵、检测器等设备。关闭工作站所有窗口，退出工作站，再依次关闭电脑主机，显示器。

2. 关闭电源，填写使用记录。

六、Thermo U3000高效液相色谱仪

（一）开机、平衡

1. 打开电源 ①打开UPS（不间断电源）电源，打开仪器接线板电源开关；②打开电脑显示器电源，打开电脑主机电源（POWER），启动电脑；③依次打开泵、自动进样器、柱温箱、检测器的电源；

2. 打开工作站 ①双击屏幕右下角“服务管理器”快捷图标，出现对话界面后点击“启动仪器控制器”启动，等显示“本地仪器控制器运行空闲”，可以关闭界面。②双击在桌面上的Chromeleon 7图标（工作站主程序）。③在左下方点击仪器，则在右边会自动显示该仪器控制面板。

3. 冲洗与排气　旋开泵上的排液阀（两圈以上）；设置A通道为100%，点击“冲洗”，然后再出现的对话框中点击“忽略并执行”；（默认冲洗5min）；然后分别“冲洗”流路中其他通道气泡；排完气泡后关闭排液阀。

4. 平衡　设置流动相的比例及流速后，点击“马达”。此时泵自动会以设置的流速进行运行。

5. 设置柱温　在控制面板“柱温箱”控制框中，设置分析样品所使用的柱温箱温度。

6. 清洗进样器　依次执行灌注注射器，清洗缓冲环，外部清洗针。

（二）样品分析

1. 建立仪器方法　如设置流动相比例、流速、波长、柱温、进样体积、运行时间等。

2. 建立处理方法及报告模板（此步骤可以省略，直接调用以前的）。

3. 建立序列　输入样品瓶号、样品名称、进样体积、运行时间、仪器方法等。

4. 打开氘灯（待系统压力稳定后约15min后再开灯）　在控制面板“Detector”控制框中，选中“紫外灯”选框，及“可见灯”选框（如果波长在可见范围）。

5. 设置波长　在控制面板“UV”控制框中，设置波长，采集频率（10Hz），时间常数（0.5s）；点击“监视基线”，选中通道1并确定。

6. 基线监测　待基线稳定后，点击“监视基线”，点击确定，关闭查看基线。

7. 进样　点击左下方“数据”，并选中要分析的序列，然后点击“开始”启动样品表进行分析（如果序列里有完成的样品，则会变成继续，点继续；如果该序列还在队列中则会显示删除，点击删除后再点击继续）。

8. 关灯　样品全部检测结束后，如果不再分析样品应立即关掉氘灯，延长氘灯使用的寿命。

（三）数据处理

1. 处理标准曲线。

2. 打印标准曲线。

3. 打印样品报告。

（四）关机

1. 冲洗色谱柱（如果使用了缓冲盐，首先使用10%甲醇水溶液冲洗色谱柱30min，然后使用纯甲醇冲洗色谱柱30min）。

2. 关闭泵马达，断开连接，关闭工作站。

3. 关闭检测器、柱温箱、自动进样器、泵的电源。

4. 关闭计算机，关闭UPS电源或稳压电源。

参考文献

[1] 郭戎，史志祥．分析化学实验［M］．北京：科学出版社，2013.
[2] 池玉梅．分析化学实验［M］．武汉：华中科技大学出版社，2011.
[3] 孙毓庆．分析化学实验［M］．北京：科学出版社，2004.
[4] 杨小弟．分析化学技能训练［M］．北京：化学工业出版社，2008.
[5] 武汉大学．分析化学实验［M］.4 版．北京：高等教育出版社，2000.
[6] 张广强，黄世德．分析化学实验［M］．北京：学苑出版社，2001.
[7] 孙尔康，张剑荣．仪器分析实验［M］．南京：南京大学出版社，2009.
[8] 王冬梅．分析化学实验 M］．武汉：华中科学技术出版社，2007.
[9] 王新宏．分析化学实验［M］．北京：科学出版社，2009.
[10] 张广强，黄世德．分析化学（上、下）［M］．北京：学苑出版社，2001.
[11] 曾元儿，张凌．分析化学［M］．北京：科学出版社，2008.
[12] 张　凌，曾元儿．仪器分析［M］．北京：科学出版社，2008.
[13] 武汉大学．分析化学［M］.5 版．北京：高等教育出版社，2006.
[14] 彭崇慧，冯建章，张锡瑜．分析化学：定量化学分析简明教程［M］.3 版．北京：北京大学出版社，2009.
[15] 胡育筑，孙毓庆．分析化学［M］.3 版．北京：科学出版社，2003.
[16] 华中师范大学，东北师范大学，陕西师范大学，等．分析化学［M］.4 版．北京：高等教育出版社，2011.
[17] 李发美．分析化学［M］.7 版．北京：人民卫生出版社，2012.